ENCYCLOPÉDIE A. L. GUYOT

Louis LEFRANC
Ingénieur-Chimiste

ÉLÉMENTS

DE

CHIMIE MODERNE

PARIS
20, rue des Petits-Champs

Algérie, Colonies et Étranger : 35 cent.

(Port en plus)

ÉLÉMENTS DE CHIMIE MODERNE

ÉLÉMENTS

DE

CHIMIE

MODERNE

PAR

Louis LEFRANC

Ingénieur-Chimiste

PARIS

Collection A.-L. GUYOT

20, rue des Petits-Champs, 20

Éléments de Chimie Moderne

CORPS COMPOSÉS — CORPS SIMPLES

La plupart des corps qui existent dans la Nature sont composés, c'est-à-dire formés par la réunion d'autres corps.

Sous l'action de certaines causes ou forces que nous décrirons plus loin, les corps composés subissent des transformations profondes qui démontrent qu'ils sont constitués par d'autres corps sur lesquels ces mêmes forces n'ont aucune action. On désigne ceux-ci sous le nom de *corps simples* *ou éléments*.

MÉLANGES — COMBINAISONS

Les corps composés sont de deux espèces:
Ceux qui sont formés par des corps divers en contact seulement les uns avec les autres et sans que le contact modifie leurs

propriétés portent le nom de *mélanges* ou *composés mécaniques*. Le mortier, le granit, la poudre à canon sont des mélanges.

Ceux qui sont formés de quantités constantes des substances composantes et où il est impossible de reconnaître celles-ci mécaniquement sont appelés : *combinaisons* ou *composés chimiques*.

Le sel marin formé de chlore et de sodium, l'eau formée d'oxygène et d'hydrogène, le sucre formé de charbon et d'eau sont des combinaisons.

Les combinaisons et les décompositions sont des phénomènes chimiques qu'on appelle : *réactions*.

ÉNERGIE CHIMIQUE — AFFINITÉ

La force qui unit les corps entre eux avec une attraction plus ou moins manifeste se nomme : *affinité*.

Les phénomènes qui résultent de l'affinité, tels que la chaleur, la lumière, l'électricité sont une forme spéciale de l'énergie, c'est alors *l'énergie chimique*. Cette énergie s'exprime en *calories*. On la mesure au moyen du calorimètre.

La *thermochimie* est la connaissance des propriétés thermiques de la matière.

Les combinaisons ou réactions qui dégagent de la chaleur sont dites : *Exothermiques*.

Celles qui en absorbent: *Endothermiques*.

Les premières qui sont les plus nombreuses comprennent les combinaisons de l'oxygène avec l'hydrogène, avec les métaux; des acides avec les bases, etc...

Les secondes, peu nombreuses, comprennent la formation de divers composés tels que le cyanogène, l'acétylène, les oxydes d'azote, etc... la plupart des explosifs sont des composés endothermiques.

La combustion du bois, dans nos foyers, et de l'huile dans nos lampes, nous donnent un exemple familier de la chaleur et de la lumière produites dans les actions chimiques. L'hydrogène et le carbone de ces substances ne peuvent être brûlés par l'oxygène de l'air, sans que ce phénomène se produise. Les batitures de fer étincelantes que le forgeron détache, par les coups de son marteau, d'un fer rouge, sont dues aussi à la combustion du métal dans l'air. On donne une intensité remarquable au dégagement de chaleur et de lumière lorsque l'on opère la combustion dans de l'oxygène pur, Il suffit de plonger dans un bocal rempli de ce gaz un fil de fer portant à son extrémité inférieure un morceau d'amadou enflammé, pour voir l'ignition se communiquer de l'amadou au fer, et celui-ci brûler avec un éclat éblouissant.

Toute combinaison chimique est aussi accompagnée d'un dégagement d'électricité. Ainsi, en dissolvant du fer dans de l'acide sulfurique hydraté, on recueille, à l'aide du *condensateur* de Volta, de l'électricité en quantité telle que l'on obtient de vives étincelles.

On admet généralement aujourd'hui qu'aucun développement d'électricité n'a lieu par le simple contact, et que l'action chimique est seule la véritable source de l'électricité.

Inversement, un courant d'électricité galvanique d'une énergie suffisante décompose tous les corps composés. Les deux éléments dont la combinaison produit ce corps se portent l'un au pôle zinc ou positif, l'autre au pôle cuivre ou négatif; et ces éléments sont alors considérés, le premier comme jouant le rôle électro-négatif, le second le rôle électro-positif. C'est ce qui arrive dans la fameuse expérience de la décomposition de l'eau ou protoxyde d'hydrogène; pour un volume d'oxygène qui se dégage au pôle positif, on en recueille deux d'hydrogène au pôle négatif.

L'oxygène est électro-négatif par rapport à tous les autres corps connus; et un grand nombre de ceux-ci jouent tantôt le rôle positif, tantôt le rôle négatif, dans diverses combinaisons. On a soin, dans la nomenclature des composés binaires, d'énoncer toujours en premier lieu le nom du corps qui joue le rôle électro-négatif. C'est ainsi que l'on dit sulfure de carbone et non pas carbure de soufre.

Loi des proportions définies

Cette loi énoncée par Proust établit que deux ou plusieurs corps se combinent toujours dans les mêmes proportions pour former un même composé.

Si l'on chauffe un mélange de soufre et de limaille de fer, il se forme du sulfure de fer quand on a mis 7 parties de fer pour 4 parties de soufre; si les proportions sont différentes, on a du sulfure de fer mélangé avec la partie du corps qui se trouve en excès.

De même, l'eau est toujours formée de une partie d'hydrogène pour 8 d'oxygène; le sel marin de 23 parties de sodium pour 35,5 parties de chlore, etc...

Loi des proportions multiples

C'est Dalton qui a formulé cette loi.

Lorsque deux ou plusieurs corps se combinent en plusieurs proportions, les poids de l'un des corps qui s'unissent à un même poids de l'autre se trouvent entre eux dans des rapports simples. Ainsi:

$$56 \text{ de fer se combinent avec} = 32 \text{ de soufre}$$
$$112 \text{ de fer} = 2 \times 56 \qquad = 96 \text{ ou } 3 \times 32$$

ATOMES ET MOLÉCULES

Pour expliquer les faits qui précèdent, on a été amené à admettre la théorie suivante: les corps simples sont constitués par la réunion de masses infiniment petites qui demeurent indivisibles dans les actions chimiques. On appelle ces masses des *atomes*.

L'affinité résidant dans les atomes des

corps, c'est entre eux, par conséquent, que se produisent les combinaisons.

Pour être plus explicite, on peut considérer que les atomes sont des *individus* dont l'ensemble forme un corps simple. L'association d'individus différents donne lieu à une combinaison qui détient des propriétés nouvelles, c'est-à-dire à un composé nouveau. C'est celui-ci qu'on appelle *molécule composée*.

Cette molécule diffère suivant la nature et le nombre des atomes associés pour la former. Ainsi, un atome de carbone et un atome d'oxygène forment un corps qui se trouve complètement modifié si on lui ajoute un nouvel atome d'oxygène.

Poids des atomes

Les atomes d'un même corps sont identiques entre eux et chaque corps a ses atomes personnels en quelque sorte. Bien qu'on n'ait pu établir exactement le poids réel des atomes, on est parvenu cependant à déterminer leurs poids relatifs, c'est-à-dire le rapport dans lequel ils se trouvent entre eux.

On a pris pour unité l'hydrogène parce

qu'il est le plus léger de tous les corps. Les poids des atomes sont bien les multiples du poids de l'atome d'hydrogène. Les rapports ainsi obtenus sont les *poids atomiques*.

Le tableau suivant indique ces poids.

Symboles chimiques

Pour exprimer chaque corps et les réactions chimiques, on a fixé des *signes* ou *symboles chimiques*.

Chaque corps est représenté par l'initiale en majuscule de son nom latin. Ceux qui ont la même initiale sont suivis d'une minuscule appropriée.

H, signifie hydrogène; S, soufre; Fe, fer. L'azote figure suivant les pays sous deux symboles, soit : Az en France, par exemple, soit : N en Allemagne. Dans tous les cas, chaque symbole représente un atome; ainsi : S, veut dire un atome de soufre = 32, etc.

TABLEAU

DES CORPS SIMPLES CONNUS AVEC LEUR SYMBOLE

ET LEUR POIDS ATOMIQUE

Aluminium	Al =	27.5
Antimoine	Sb =	120
Argent.................	Ag =	108
Argon.................	Ar =	40
Arsenic	As =	75
Azote	Az =	14
Barium	Ba =	137
Bismuth	Bi =	210
Bore.................	Bo =	11
Brome	Br =	80
Cadmium	Cd =	112
Calcium..............	Ca =	40
Carbone	C =	12
Cérium...............	Ce =	141
Cesium	Cs =	133
Chlore	Cl =	35.5
Chrome..............	Cr =	52.5
Cobalt	Co =	59
Cuivre...............	Cu =	63.5
Décipium	De =	171
Didyme..............	Di =	147
Erbium..............	Er =	166
Etain	Sn =	118
Fer..................	Fe =	56
Fluor................	F =	19
Gallium..............	Ga =	69.9
Germanium	Ge =	72.3
Glucinium	Gl =	13.9
Hélium	He =	4
Sodium	Na =	23
Soufre	S =	32
Strontium............	Sr =	87.5

Tantale..................	Ta	= 182
Tellure..................	Te	= 126
Thallium................	Tl	= 204
Thorium.................	Th	= 235
Thullium................	Thu	= 130
Hydrogène...............	H	= 1
Indium..................	In	= 113.4
Iode....................	I	= 127
Iridium.................	Ir	= 193.3
Lanthane................	La	= 139
Lithium.................	Li	= 7
Magnésium...............	Mg	= 24
Manganèse...............	Mn	= 55
Mercure.................	Hg	= 200
Molybdène...............	Ne	= 96
Néodyme.................	Ne	= 141
Nickel..................	Ni	= 59
Niobium.................	Nb	= 94
Or......................	Au	= 107
Osmium..................	Os	= 199.2
Oxygène.................	O	= 16
Palladium...............	Pd	= 106.6
Phosphore...............	P	= 31
Platine.................	Pt	= 197
Plomb...................	Pb	= 207
Potassium...............	K	= 39
Praséodyme..............	Pr	= 144
Rhodium.................	Rh	= 104
Rubidium................	Rb	= 85.4
Rhuténium...............	Ru	= 104.4
Samarium................	Sa	= 150
Scandium................	Sc	= 44
Sélénium................	Se	= 79
Silicium................	Si	= 28
Titane..................	Ti	= 50
Tungstène...............	Tu	= 184
Uranium.................	U	= 240
Vanadium................	V	= 51.2

Ytterbium	Yb =	89
Yttrium	Yt =	89.5
Zinc	Zn =	65
Zirconium	Zr =	89.5

FORMULES CHIMIQUES

On connaît la molécule par les atomes qui la constituent; mais on ne connaît pas le dispositif de groupement de ceux-ci. On n'en peut pas moins cependant représenter la molécule par les symboles des divers corps qui expriment leurs atomes. Le nombre de ces derniers étant variable, on les fait figurer par un exposant qu'on place à droite et au-dessus (rarement en dessous) du symbole, ainsi :

$$S\,O^4\,Ca$$

représente une molécule de sulfate de chaux contenant : 1 atome de soufre, 4 atomes d'oxygène et un atome de calcium.

Poids de la Molécule

Le total du poids des atomes constitutifs donne le poids de la molécule. Dans la formule ci-dessus on a :

1..

$$\begin{aligned}
\text{Soufre} &= S &&= 32 \\
\text{Oxygène} &= O^4 = 16 \times 4 &&= 64 \\
\text{Calcium} &= Ca = 40 &&= 40 \\
\hline
&&&= 136
\end{aligned}$$

Par conséquent une molécule de sulfate de chaux pèse : 136 grammes.

Equations chimiques

Pour indiquer que deux corps sont simplement mélangés et non combinés, on réunit leurs formules par le signe +; soit un mélange d'eau et de chlore.

$$H^2 O + 2 Cl$$

Si une réaction chimique intervient dans le mélange, on l'indique par le signe =; ainsi :

$$H^2 O + 2 Cl = 2 H Cl + O$$

L'expression qui fait connaître la réaction chimique est appelée *équation chimique*.

L'équation suivante :

$$Fe\, So^4 + Ba\, Cl^2 = Fe\, Cl^2 + Ba\, So^4$$

dans laquelle les échanges sont réciproques se nomme équation de *double décomposition;* on n'y a pas fait intervenir l'eau de solution pour la rendre plus compréhensible.

LOIS DE GAY-LUSSAC

1° Les volumes des composants de deux gaz qui se combinent sont entre eux dans un rapport simple.

2° Le volume du composé formé, mesuré à l'état gazeux, sous la même température et sous la même pression, se trouve dans un rapport simple avec les volumes totaux des composants.

Gay-Lussac démontra ainsi que les rapports des volumes à l'état gazeux sont toujours très simples alors que les rapports pondéraux suivant lesquels les corps se combinent, sont invariables sans présenter aucune simplicité.

Ainsi, les volumes d'hydrogène et d'oxygène qui constituent l'eau sont entre eux, dans le rapport simple, de 2 à 1. Le volume de vapeur d'eau formé est égal à 2.

Il faut remarquer que le volume gazeux *composé* est ordinairement égal à la somme des volumes *composants* quand il y a combinaison à volume égal, tel l'acide chlorhydrique; et que le volume du composé est moindre que la somme des volumes des

composants, quand ceux-ci se combinent à
volume inégaux, tels le gaz ammoniac, la
vapeur d'eau, etc.

Le volume du composé n'est jamais su-
périeur à la somme des *composants*.

CONSIDÉRATIONS
SUR LES
ATOMES ET LES MOLÉCULES.

On vient de voir que pour former l'acide
chlorhydrique, par exemple, il fallait une
partie d'hydrogène ou un atome et 35,5 parties de chlore ou un atome, c'est-à-dire un
volume d'hydrogène pour un volume de
chlore.

On a vu aussi que cette combinaison avait
lieu à volume égal. Il en résulte que le gaz
acide chlorhydrique pèse 36,5; il en résulte
en même temps qu'un volume d'acide chlorhydrique, la combinaison comportant 2 volumes, pèse 18,25 fois plus qu'un volume d'hydrogène. La plus petite quantité d'acide chlorhydrique occupe donc un volume double de
la plus petite quantité d'hydrogène ou d'un
atome de celui-ci. On pourrait, dès lors, pen

ser qu'un volume donné d'un gaz simple
renferme deux fois plus d'atomes qu'un égal
volume d'un gaz composé, ce qui est contraire à la théorie d'Ampère et d'Avogadro. C'est
pour résoudre cette anomalie que ce savant
fit la distinction des atomes et des molécules.
D'après lui, les gaz composés ne contien-
draient pas des atomes; mais des molécules
composées de plusieurs atomes. Ce raison-
nement serait admissible en mettant la molécule à la place de l'atome et dans un tel
cas, la formation de l'acide chlorhydrique
s'exprimerait par :

$$H^2 + Cl^2 = 2\ HCl$$

Il n'en est pas ainsi et puisque le *poids
moléculaire* est égal à la somme des atomes
qui le constituent, il reste à savoir de com-
bien d'atomes se compose la molécule. Avec
l'acide chlorhydrique on peut dégager la
question et évaluer la grandeur moléculaire
du composé de 1 volume de H et de Cl pour
chacun donnant 2 volumes de HCl. Si le volume d'hydrogène qui entre ici en combinaison contient 1.000 molécules, il contiendra
aussi 1.000 molécules de chlore, soit par conséquent 2.000 molécules d'acide chlorhydrique; chaque molécule de ce composé renfer-

me au moins 1 atome d'hydrogène; comme il y a 2.000 molécules d'acide chlorhydrique, il doit y avoir 2.000 molécules d'hydrogène; mais comme il n'y a que 1.000 molécules de ce corps simple, chaque molécule d'hydrogène se compose donc de 2 atomes. Il en est de même pour la molécule de chlore.

Le poids moléculaire est donc de $1 + 1 = 2$ pour l'hydrogène; de $35,5 + 35,5 = 71$ pour le chlore; enfin, le poids moléculaire de l'acide chlorhydrique est de : $35,5 + 1 = 36,5$.

Dans ces conditions, se rapportant au volume, la formule de ce composé est HCl et non H^2Cl^2. De même la molécule de l'hydrogène est $H^2 = 2$.

On conçoit, maintenant, que les poids atomiques des éléments gazeux sont les poids spécifiques de ces éléments par rapport à l'hydrogène; mais, en général, on rapporte la densité des gaz à celle de l'air qui est 14,44 fois plus lourd que l'hydrogène. On peut, par conséquent, obtenir le poids moléculaire d'un gaz ou vapeur en multipliant son poids spécifique par 28,88 ($2 \times 14,44$).

Inversement, connaissant son poids moléculaire, on peut déterminer son poids spécifique.

Les molécules des éléments se composent généralement de 2 atomes, rarement de 4 comme le phosphore et l'arsenic ou de 1 comme le mercure ou le cadmium.

Isomorphisme — Isoméries

On appelle corps ou composés isomorphes ceux qui cristallisent de la même manière et qui représentent une *espèce chimique*.

Les corps qui cristallisent dans deux formes sont : *dimorphes* et *polymorphes* quand ils cristallisent de plusieurs manières. Les corps qui n'ont pas de formes sont *amorphes*. Ceux qui cristallisent dans le même système sont *isomorphes*.

La loi de *l'isomorphisme* établit que les corps isomorphes ont des constitutions semblables.

L'*allotropie* touche aux corps qui diffèrent par leurs propriétés bien qu'ayant la même composition et la même grandeur moléculaire. Les corps composés dans le même cas rentrent dans l'*Isomérie*. Enfin, les composés qui ont la même composition centésimale, mais qui diffèrent par leur grandeur moléculaire sont dits : *polymères*.

Par exemple, le phosphore rouge et le phosphore ordinaire sont allotropiques.

L'acide acétique et le formiate de méthyle sont isomères.

L'acétylène et la benzine sont polymères.

VALENCE

La valence d'un métalloïde par rapport à l'hydrogène est déterminée par le nombre d'atomes d'hydrogène qui sont susceptibles de s'unir à un atome du métalloïde, pour donner le composé le plus hydrogéné de ce métalloïde.

Ainsi le chlore ne donne avec l'hydrogène qu'un seul composé, l'*acide chlorhydrique* ClH, dans lequel *un* atome d'hydrogène est uni à un atome de chlore : *le chlore est monovalent.*

L'oxygène forme avec l'hydrogène deux composés ; le plus riche en hydrogène est *l'eau* H^2O, dans laquelle *deux* atomes d'hydrogène sont unis à un atome d'oxygène : *l'oxygène est divalent.*

Le carbone forme avec l'hydrogène un grand nombre de composés. Le plus hydrogéné de ces composés est le *formène* CH^4, dans lequel *quatre* atomes d'hydrogène sont unis à un atome de carbone : *le carbone est tétravalent.*

On définit *la valence d'un métal par le nombre d'atomes d'hydrogène qu'un atome de ce métal est suspectible de remplacer dans un acide pour le transformer en sel.*

C'est ainsi que le *potassium* est *monovalent* puisque, avec les acides chlorhydrique ClH et sulfurique SO^4H^2 il donne le chlorure ClK et le sulfate SO^4K^2 de potassium.

Au contraire le *zinc* est *divalent* puisque, avec les mêmes acides, il donne le chlorure Cl^2Zn et le sulfate SO^4Zn de zinc.

D'après cette définition, aidée de considérations du même ordre, qui seront indiquées plus loin, on a fixé de la façon suivante la valence des métaux les plus importants, soit par eux-mêmes, soit par leurs composés.

Métaux monovalents: potassium, sodium, argent.

Métaux divalents (ce sont, de beaucoup, les plus nombreux) : baryum, calcium, magnésium, manganèse, aluminium, fer, zinc, nickel, cuivre, plomb, mercure.

Métaux trivalents: or.

Métaux tétravalents : étain, platine.

OXYDES — ACIDES — BASES
SELS

On donne le nom de *combustible* ou *oxygénables* à tous les corps simples, à l'exception de l'oxygène qui est dit *comburant*.

Les substances les plus répandues dans la nature consistent soit en corps *brûlés* ou *oxygénés*, soit en combinaisons de ces corps.

On désigne par le nom d'*acides* les corps oxygénés qui, comme le vinaigre, comme l'eau forte, comme l'huile de vitriol, ont une saveur acide plus ou moins prononcée, et rougissent la couleur naturellement bleue de la teinture de tournesol. Les *oxydes*, au contraire, sont les corps oxygénés qui n'altèrent pas cette teinture et qui tendent plutôt à la ramener au bleu lorsqu'elle a été rougie par un acide, ou à verdir le sirop de violettes, ou à rougir la teinture jaune de curcuma. La chaux ou oxyde de calcium est dans ce cas.

Un corps peut donner lieu à plusieurs oxydes et acides. On distingue alors ces oxydes, suivant leur degré d'oxygénation, par les épithètes *proto*, *sesqui* (1 fois ½), *bioxyde*, *trioxyde*, *tétroxyde*, on dit donc protoxyde, bioxyde et trioxyde d'étain; sesquioxyde de manganèse. L'épithète *per* est encore attribuée à l'oxyde le plus oxygéné; de sorte que l'on peut dire peroxyde d'étain au lieu de *trioxyde*. Quant aux acides, ils se désignent en donnant la terminaison *eux* au moins oxygéné et la terminaison *ique* à celui qui l'est le plus. On dit donc acide sulfureux et acide sulfurique, pour deux acides formés par la combinaison du soufre avec l'oxygène. La qualification de *hypo*, mise avant le nom de l'acide, indique un degré d'oxygénation de moins. On désigne les quatre acides formés par la combustion de l'azote par les mots hypoazoteux, azoteux, hypoazotique, azotique, qui expriment des quantités croissantes d'oxygène.

Il y a des acides formés par la combinaison de deux corps combustibles simples, sans oxygène. On les désigne en terminant par les désinences *eux* ou *ique* un mot composé des deux noms. On dit donc acide chlorhydrique, acide iodhydrique, etc., pour les *hydracides* formés de la combinaison de l'hydrogène avec le chlore, avec l'iode, etc.

Quand un acide et un oxyde se combinent de manière à se neutraliser plus ou moins, ils forment ce que l'on appelle un *sel*, que l'on désigne par l'acide et l'oxyde qui le forment, en ajoutant au nom de l'acide la désinence *ite*, s'il était terminé en *eux*, et *ate*, s'il l'était en *ique*. L'acide sulfurique et le protoxyde de plomb donnent donc le sulfate de protoxyde de plomb ; l'acide sulfureux et l'oxyde de potassium donnent le sulfite d'oxyde de potassium. Les oxydes de plomb et de potassium jouent, dans ce cas, le rôle de *bases*. Certains oxydes, qui sont des bases plus énergiques que les autres, qui ont plus d'affinité pour les acides, prennent le non d'*alcalis* ou de *bases alcalines*. Tels sont les oxydes de calcium, de strontium, de baryum, de lithium et surtout de sodium et de potassium, connus vulgairement sous les noms de chaux, de strontiane, de baryte, de lithine, de soude et de potasse.

L'ammoniaque, combinaison d'hydrogène et d'azote, est aussi un alcali énergique.

On substitue aussi très souvent, dans la nomenclature, la dénomination de *nitreux* et *nitrique* à celle d'azoteux et d'azotique.

Lorsque le même acide et le même oxyde, se combinant en plusieurs proportions, donnent naissance à plus d'un sel, il y a un de ces sels que l'on appelle *neutre*, et dans lequel les propriétés de l'acide et de l'oxyde se sont en effet le mieux neutralisées réciproquement; et les autres sels sont composés de telle sorte que la quantité d'oxyde restant la même que dans le sel neutre, les quantités d'acide deviennent 1 fois et demie, 2, 3, 4 fois, ou seulement les deux tiers, la moitié, le tiers ou le quart de la quantité d'acide du sel neutre. Pour exprimer ces nuances de composition, on se sert des qualifications de *sesqui, bi, tri, tétra.* Ainsi on dira biphosphate de chaux, pour exprimer que ce sel renferme deux fois autant d'acide que le phosphate neutre, pour la même quantité de chaux; ce serait au contraire un phosphate *sesquibasique,* si, pour la même quantité d'acide, il y avait une fois et demie autant de chaux, ou si, pour la même quantité de chaux, il n'y avait que les deux tiers de l'acide.

La combinaison de plusieurs métaux s'appelle *alliage,* à moins que le mercure n'y entre, auquel cas elle prend le nom d'*amalgame.*

La combinaison de deux corps combustibles, lorsqu'elle n'est pas gazeuse, se désigne par le nom de ces corps, en ajoutant la terminaison *ure* à celui des deux qu'on énonce le premier, et en ajoutant, s'il le faut, la qualification de *proto*, de *bi*, etc. On aura donc protochlorure et bichlorure de mercure, iodure de fer, etc.

Mais si cette combinaison est gazeuse, le second nom prend la terminaison *é*; on dit ainsi gaz hydrogène arsénié, gaz hydrogène bicarboné, etc.

La nomenclature des produits de la chimie organique n'est soumise à aucune règle fixe. Cependant on y distingue des acides, des bases et des sels; et ceux-ci s'énoncent avec les terminaisons *ite* et *ate* s'il y a lieu.

LES MÉTALLOÏDES

Les *métalloïdes* se distinguent des *métaux* par les caractères suivants : Ils ne sont conducteurs, ni de la chaleur, ni de l'électricité; ils se combinent avec l'hydrogène pour former des composés gazeux ou volatils; leurs combinaisons oxygénées sont acides, enfin, dans la plupart des cas, ils sont électro-négatifs. On a divisé les métalloïdes en 4 groupes :

1er groupe	2e groupe	3e groupe	4e groupe
Fluor	Oxygène	Azote	Carbone
Chlore	Soufre	Phosphore	Silicium
Brôme	Séténium	Arsenic	—
Iode	Tellure	Antimoine	Bore

HYDROGÈNE

$$H = 1$$

L'hydrogène n'appartenant à aucun groupe, occupe, en chimie, une position primordiale. L'hydrogène n'existe dans la nature qu'à l'état de combinaison. Il constitue l'eau et entre dans la composition de presque tous les composés organiques et dans un grand nombre de substances minérales.

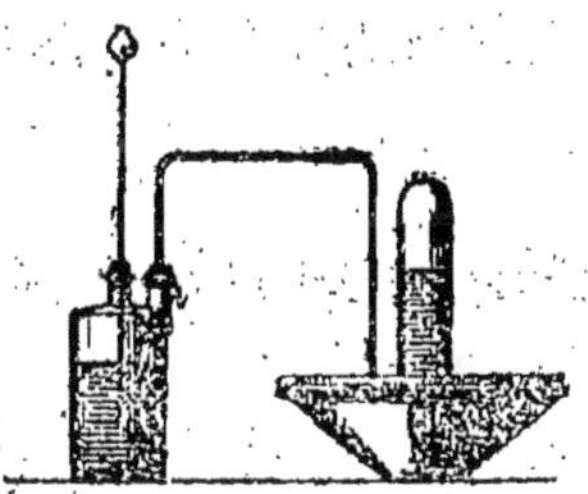

Fig. 1. — Préparation de l'hydrogéne au **moyen** du zinc, de l'acide sulfurique et de l'eau.

Préparation

1° On décompose l'eau par un courant électrique. L'hydrogène se dégage au pôle négatif comme un métal, son volume est double de celui de l'oxygène, d'où la formule de l'eau :

$$H^2 O = H O H$$

2° Par le Sodium ou le Potassium en contact avec l'eau, on a :

$$2 HOH + 2 Na = 2 NaOH + H^2$$

3° Le moyen le plus employé est la réaction de l'acide chlorhydrique ou sulfurique
sur le zinc :

$$Zn + 2\,HCl = Zn\,Cl^2 + 2\,H$$

Fig. 2. — Briquet à l'hydrogène.

Propriétés

Gaz incolore, inodore à l'état pur, insipide.
Poids spécifique : 0 gr. 069. Poids du litre :
0 gr. 08957. D'habitude on compte le poids du
litre pour 0 gr. 09 ou 9 centigrammes, ce
poids exprime ce qu'on appelle un Krithe.

C'est le gaz le plus diffusible, étant le plus
léger de tous.

Il brûle à l'air et sa combustion forme de
l'eau.

736   2

Mélangé à l'air, il s'allume par l'étincelle électrique ou au contact de la mousse de platine. C'est sur cette propriété qu'est basé le *briquet à hydrogène.*

L'hydrogène en se combinant avec l'oxygène est le corps qui dégage la plus grande quantité de chaleur connue en chimie :

$$2\,H + O = H^2\,O \text{ (vapeur)} + 59 \text{ calories}$$

Ce qui représente pour la formation de un kilog d'eau à l'état de vapeur $= 32.700$ calories.

MÉTALLOÏDES MONOVALENTS

Les éléments de ce groupe : Fluor, chlore, brôme et iode, sont dits *halogènes* pace qu'ils forment des sels avec les métaux. Ceux-ci sont isomorphes et portent le nom de *fluorures, chlorures, bromures, iodures.*

FLUOR

$$F = 19 \text{ (ou Fl)}$$

Les fluorures sont abondants dans la nature : *spath fluor* ou fluorure de calcium, *cryolithe* fluorure double d'aluminium et de sodium, etc.

Préparation

Dans l'appareil ci-dessous, on attaque par l'acide sulfurique le fluorure de calcium en poudre :

On a la réaction :

$$Ca\ F^2 + SO^4\ H^2 = Ca\ SO^4 + 2\ HF$$

Le fluor et ses composés possèdent une énergie remarquable entre tous les corps. Aussi, malgré les travaux de Moissan, le fluor est-il encore peu connu; il attaque tous les métaux sauf l'or, le platine et l'argent.

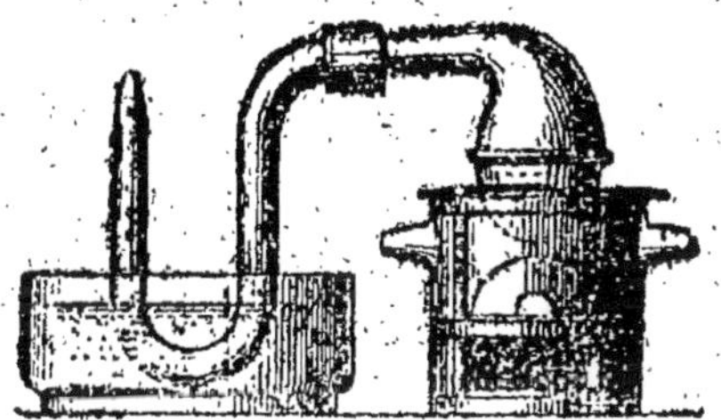

Fig. 3. — Préparation de l'acide fluorhydrique.

L'acide fluorhydrique est employé pour graver le verre.

CHLORE

$$Cl = 35,5$$

Le chlore est très répandu dans la nature. C'est lui qui forme le sel marin (sel de cuisine, chlorure de Sodium).

Préparation

On chauffe dans un matras un mélange de bioxyde de manganèse et d'acide chlorhydrique : on a la réaction :

$$Mn\ O^2 + 4\ H\ Cl = Mn\ Cl^2 + 2\ H^2\ O + 2\ Cl$$

On peut aussi par ce moyen l'obtenir à l'état de solution.

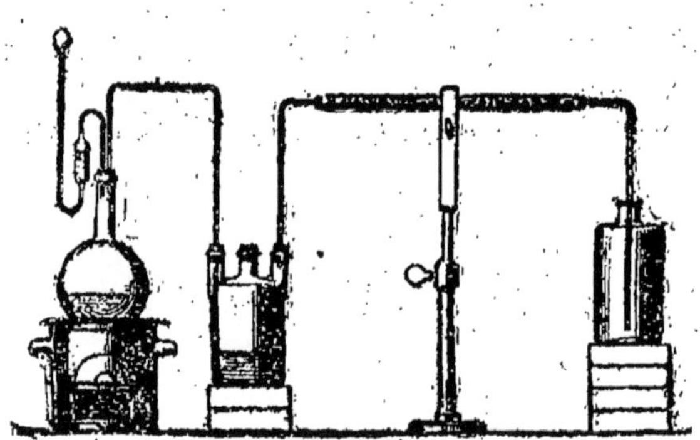

Fig. 4. — Préparation du chlore gazeux sec.

Propriétés

Gaz jaune verdâtre, de là son nom, odeur pénétrante, dangereux à respirer.

Poids spécifique : 2,45.

Liquéfiable sous pression de 4 atmosphères.

L'eau froide en dissout 3 volumes.

Sa grande affinité pour l'hydrogène en fait un oxydant en quelque sorte très puissant. C'est aussi un décolorant et un désinfectant ou antiseptique énergique.

BROME

$$Br = 80$$

On le trouve dans les eaux-mêmes des marais salants, sous forme de bromure de sodium.

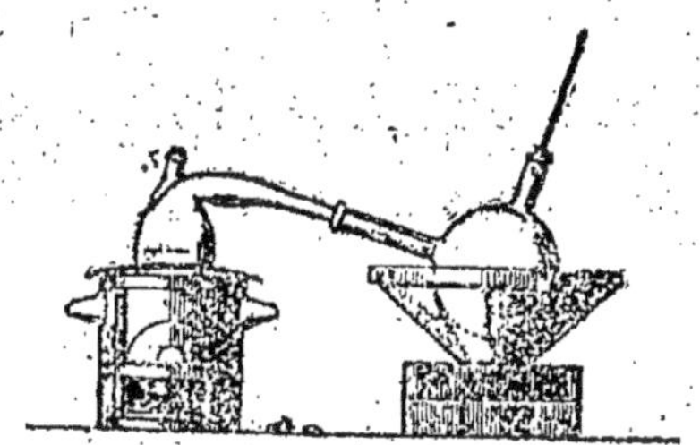

Fig. 5. — Préparation du brôme liquide.

Préparation

On chauffe un mélange de bromure de sodium, de bioxyde de manganèse et d'acide sulfurique dans l'appareil suivant :

Propriétés

Le brôme est avec le mercure le seul élément liquide dans les conditions **ambiantes** normales. Il est brun rouge. Son odeur est repoussante. Il pèse 3 fois plus lourd que l'eau, son poids spécifique est de : 3,19. Il est soluble sans celle-ci.

Le chlore le déplace de ses combinaisons.

IODE

$$I = 127$$

On le trouve dans les mêmes matières que le brôme.

Préparation

On brûle les plantes qui contiennent les iodures : varechs, fucus, algues, etc... On dissout les cendres, on filtre et on fait passer un courant de chlore :

$$2\,Na\,I + 2\,Cl = 2\,Na\,Cl + 2\,I$$

L'iode mis en liberté se présente sous la forme d'une poudre noire qu'on sépare et qu'on sublime ensuite pour l'épurer.

Propriétés

L'iode est solide en écailles brillantes. Il colore la peau en jaune et la corrode.

Poids spécifique : 4,95.

Il fond à 113°. Ses vapeurs sont violettes.

Peu soluble dans l'eau, soluble dans l'alcool, on l'appelle alors *teinture d'iode*. Il faut noter que dans cet état, il représente un des antiseptiques les plus énergiques et les plus commodes. Le fait vient d'être signalé par l'Académie de Médecine qui conseille la teinture d'iode pour le nettoyage des plaies les plus infectées.

Combinaisons des Halogènes avec l'Hydrogène

ACIDE FLUORHYDRIQUE

$$HF = 20$$

Nous avons indiqué plus haut sa préparation.

ACIDE CHLORHYDRIQUE

$$HCl = 36,5$$

On obtient l'acide chlorhydrique dans la grande industrie qui produit la soude. Dans les laboratoires, on le produit au moyen de l'acide sulfurique et du chlorure de sodium .

$$2\,Na\,Cl + H^2\,SO^4 = Na^2\,SO^4 + 2\,H\,Cl$$

Un volume d'eau absorbe 450 volumes d'acide chlorhydrique gazeux. En solution cet acide est employé en quantités énormes dans l'industrie.

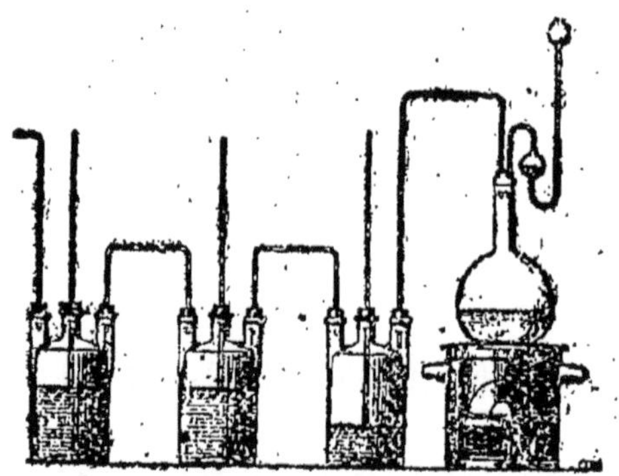

Fig. 6. — Appareil de Woulf pour préparer l'acide chlorhydique en dissolution dans l'eau.

ACIDE BROMHYDRIQUE

$$HBr = 81$$

On obtient l'acide bromhydrique par la réaction du tribromure de phosphore sur l'eau :

$$P\,Br^3 + 3\,H^2\,O = PO^3\,H^3 + 3\,H\,Br$$

L'acide bromhydrique est soluble; **il est** moins stable que l'acide chlorhydrique.

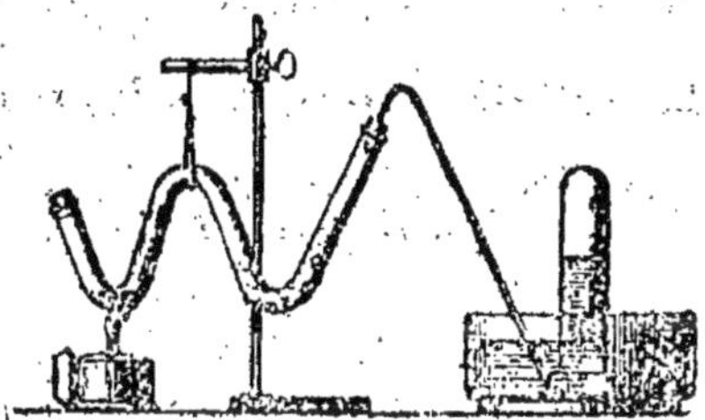

Fig. 7. — Appareil pour préparer l'acide bromhydrique.

ACIDE IODHYDRIQUE

$$HI = 128$$

On obtient cet acide de la même manière que le précédent. On peut aussi l'obtenir par un courant d'hydrogène sulfuré dans de l'eau où l'on a mis de la poudre d'iode :

$$H^2 S + I^2 = 2 HI + S$$

On filtre et on distille.

L'acide iodrhydrique est un gaz incolore qui se liquéfie sous 4 atmosphères; il est très soluble; mais peu stable. C'est un *réducteur* très employé en analyses.

MÉTALLOÏDES DIVALENTS

Les métalloïdes dont 1 volume se combine avec 2 volumes d'hydrogène sont : l'oxygène, le soufre, le sélénium et le tellure.

Le premier est gazeux, les 3 autres sont solides. Ceux-ci donnent des sels isomorphes, brûlent dans l'air ou l'oxygène, se combinent à l'hydrogène et forment avec les métaux des composés qu'on appelle : *sulfures, séléniures, tellurures.*

OXYGÈNE

$$O = 16$$

L'oxygène est l'élément le plus répandu dans la nature. C'est celui, d'ailleurs, qui est le plus indispensable à la vie. Lavoisier, le père de la chimie française, fût le premier à en connaître les propriétés.

Préparation

En chauffant à température convenable
les peroxydes de divers métaux, tels que le
peroxyde de manganèse, on obtient l'oxygène. Dans ce cas, le peroxyde perd le 1/3
de l'oxygène qu'il contient :

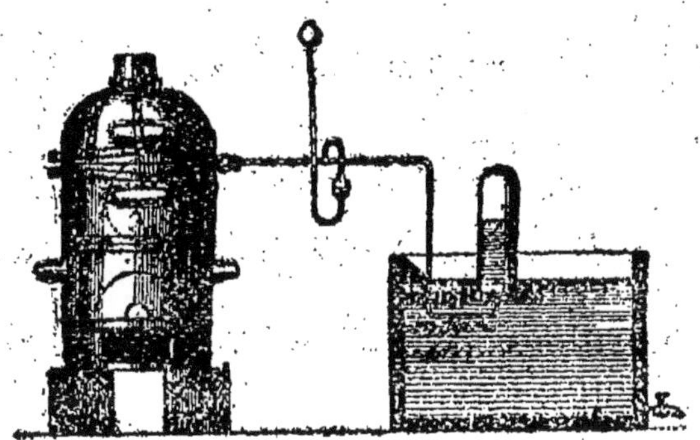

Fig. 8. — Préparation de l'oxygène par la calcination
du peroxyde de manganèse.

Pour avoir la moitié de l'oxygène contenu
dans ce peroxyde, il faut employer l'acide
sulfurique :

$$Mn\,O^2 + SO^4\,H^2 = Mn\,SO^4 + H^2O + O$$

Pour avoir de grandes quantités d'oxygène, il faut recourir au chlorate de potasse.

On chauffe, dans une cornue, doucement ce

sel d'abord, puis très fortement ensuite. Suivant l'équation :

$$ClO^3 K = KCl + O^3$$

On peut retirer de 100 grammes de chlorate de potasse, à peu près 27 litres d'oxygène.

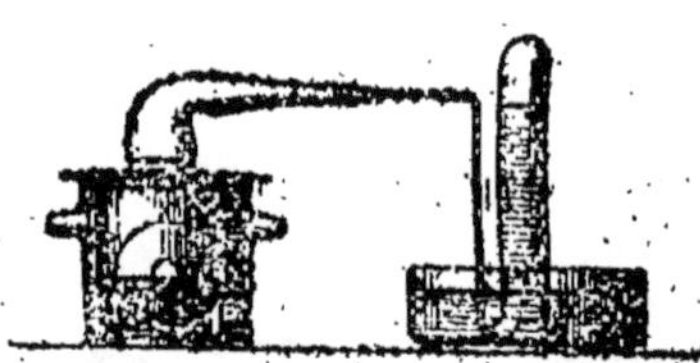

Fig. 9. — Préparation de l'oxygène au moyen du peroxyde du manganèse et de l'acide sulfurique.

Propriétés

Gaz incolore, inodore, insipide, liquéfiable sous 50 atmosphères et — 113°.

Poids spécifique = 1,1054, très peu soluble dans l'eau, davantage dans l'alcool.

On a vu plus haut ses caractères *oxydants et comburants*; de même qu'on a vu qu'il formait les oxydes.

Ozone

L'ozone est de l'oxygène condensé, il pèse 1 ½ fois plus que l'oxygène. C'est pourquoi on admet que la molécule d'oxygène se compose de 2 atomes = O^2; la molécule d'ozone en ayant 3, c'est-à-dire O^3.

Son action est si puissante qu'il détruit quelquefois, il *combure* au lieu d'oxyder, les matières avec lesquelles on le met en contact.

Préparation

L'air s'ozonise en passant sur le phosphore, certaines essences telles que celles de térébenthine sont ozonisantes. Les forêts de sapins en sont une preuve.

On peut le produire en électrisant l'oxygène, surtout par l'*effluve*, et aussi en traitant à froid le bioxyde de baryum par l'acide sulfurique.

SOUFRE

$$S = 32$$

Le soufre est abondant dans la nature, soit à l'état libre, soit surtout et principalement à l'état combiné de sulfure métallique ou de sulfate (gypse, spath pesant, etc.)

Préparation

Quand il est mêlé à des matières terreuses, d'habitude, on le fond et on le distille.

L'appareil ci-contre employé en Sicile, donne une idée de cette distillation qui, des vases soumis au feu, passe aux vases extérieurs pour s'écouler dans des cuviers.

Fig. 10. — Distillation du soufre en Sicile.

Pour l'avoir très pur, il faut opérer par *sublimation*. A cet effet, le soufre fondu et vaporisé dans des cornues latérales vient se sublimer, c'est-à-dire se condenser dans une salle centrale.

Le soufre qu'on traite ainsi est en poudre fine, on l'appelle : *fleur de soufre*.

Propriétés

Le soufre est solide, jaune, il s'électrise par le frottement. Il cristallise en octrèdres par voie humide et en prisme par voie sè-

ohe. Sa densité est de = 2, Il est insoluble,
fond à 113° et bout à 447°.

Fig. 11. — Salle centrale.

Il brule à l'air et donne de l'acide sulfureux. Ses combinaisons forment des sulfures.

Sélénium

$$Se = 79$$

Il accompagne généralement le soufre.
C'est un solide noir qui brûle à l'air en ré-
pendant une forte odeur de radis.

Tellure

$$Te = 128$$

C'est un corps rare et peu usuel. Ses composés les plus connus sont les tellurures d'or et de plomb. Il est blanc comme l'argent.

Combinaisons des Métalloïdes du IIe Groupe

EAU

$$H^2 O = 18$$

Pour avoir l'eau pure, il faut la distiller. On utilise à cet effet l'appareil distillatoire dit *Alambic*.

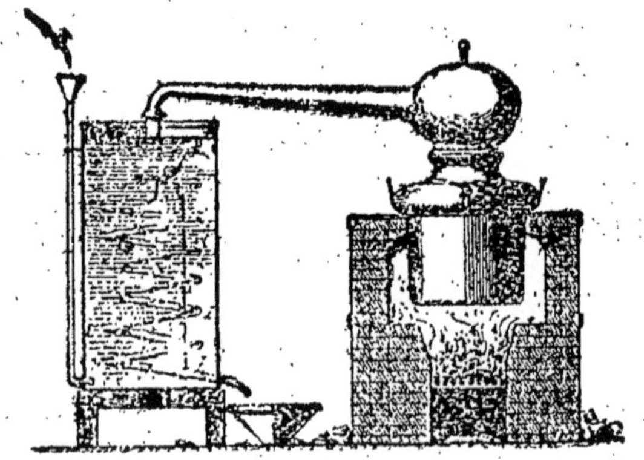

Fig. 12. — Alambic.

Dans les laboratoires on emploie le plus souvent un appareil à distiller plus simple et moins encombrant que nous indiquons ci-dessous :

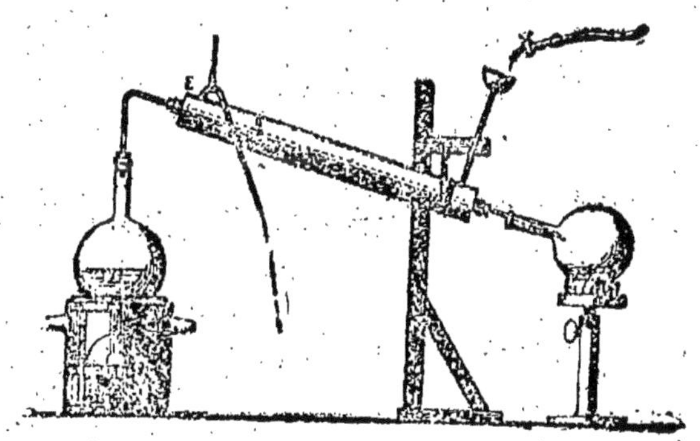

Fig. 13. — Appareil distillatoire.

Propriétés

L'eau est incolore, inodore et insipide.

Elle bout à 100° et s'évapore au-dessus de 0° point auquel elle se congèle.

Elle dissout presque tous les corps surtout à chaud.

Elle se dissocie à 1.200° environ.

Les eaux qui contiennent des sels calcaires sont dites *dures;* quand elles contiennent du sulfate de chaux on les appelle *sélénitcuses.* Toutes deux sont impropres à la cuisson des légumes. Pour être potable et saine, il est bon de filtrer l'eau.

On nomme *eaux minérales* celles qui contiennent des composés chimiques en dissolution tels que des sels alcalins, des sels de fer (*eaux ferrugineuses*) du soufre, etc.

L'eau se compose de :

$$\text{Hydrogène} = 11.11$$
$$\text{Oxygène} = 88.88$$
$$\overline{100}$$

La densité de la vapeur d'eau $= 0,622$.

Eau Oxygénée

$$H^2 O^2$$

• On obtient l'eau oxygénée ou bioxyde d'hydrogène par l'action de l'acide sulfurique ou fluorhydrique ou même chlorhydrique sur un peroxyde tel que celui de Baryum :

$$Ba\, O^2 + 2H\, Cl = Ba\, Cl^2 = H^2 O^2$$

Dans ce cas on précipite le chlorure de baryum formé par le sulfate d'argent.

L'eau oxygénée est un liquide sirupeux, de saveur âcre et brûlante et de propriétés oxydantes.

Oxydryle ou Hydroxyle

HO

Il serait plus logique de formuler l'eau oxygénée HO au lieu de $H^2 O^2$; mais le composé HO n'existe pas à l'état isolé. Cependant, on le trouve dans bon nombre de combinaisons. On lui a donné le nom d'*oxydryle* ou *hydroxyle*.

Hydrogène sulfuré

$$H^2 S = 34$$

Préparation

On prépare l'hydrogène sulfuré ou sulfure d'hydrogène en décomposant les sulfures métalliques par les acides :

$$Fe\ S + H^2\ SO^4 = FeO\ SO^4 + H^2\ S$$

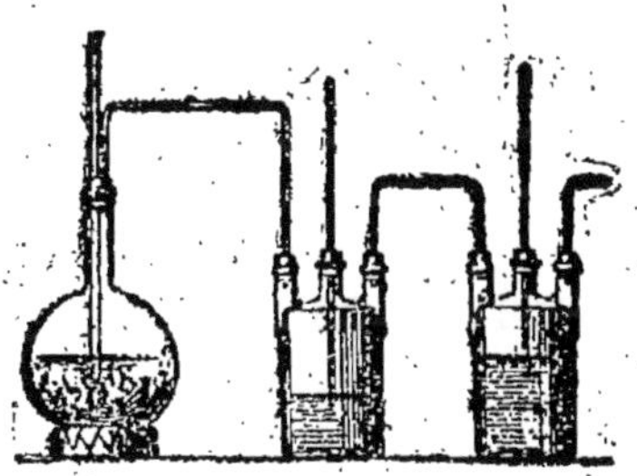

Fig. 14. — Préparation de l'hydrogène sulfuré.

Propriétés

C'est un gaz incolore répandant l'odeur des œufs pourris. Il se liquéfie sous 15 at. à 10°. Il est délétère. Le chlore est son contre-poison. Il précipite presque tous les métaux de leurs solutions.

HYDRATES — ANHYDRIDES

Les combinaisons dans lesquelles l'hydrogène et l'oxygène se trouvent dans la proportion constitutive de l'eau sont appelés *hydrates*.

Les combinaisons où il n'existe pas d'hydrogène ou bien où les éléments de l'eau ne sont pas dans le rapport de H_2 à O sont appelées *Anhydrides*.

COMPOSÉS OXYGÉNÉS du CHLORE

L'oxygène forme avec le chlore les combinaisons suivantes qui sont toutes endothermiques.

$Cl_2 O$ monoxyde
$Cl_2 O_3$ trioxyde

$Cl^2 O^4$ tétroxyde
$Cl OH$ acide hypochloreux
$ClO^2 H$ acide chloreux
$ClO^3 H$ acide chlorique
$ClO^4 H$ acide perchlorique

Tous sont acides.

Acide hypochloreux

Instable à l'état libre. Il forme les **hypo-chlorites** ou **chlorures décolorants**, *Eau de Javel*.

$$2 Ca O^2 H^2 + 2 Cl^2 = 2 H^2 O + Ca Cl^2$$
$$+ (ClO^2 Ca)$$

Acide chlorique

On obtient les chlorates en faisant passer un courant de chlore dans une solution chaude d'une base alcaline.

$$6 KOH + 3 Cl^2 = 5 K Cl + CLO^3 K + 3 H^2 O$$

Tous ces composés du chlore sont instal-bles à l'état libre. Ils exercent une action destructive profonde sur les matières organiques.

Le Brôme et l'Iode forment aussi des acides oxygénés et suroxygénés.

COMBINAISONS OXYGÉNÉES
DU SOUFRE

Les principales combinaisons du soufre et de l'oxygène sont les acides sulfureux et sulfuriques.

Acide sulfureux

Il y a l'anhydride SO^2 et l'hydrate SO^3H^2.

Le premier se forme en brûlant du soufre dans l'air :

$$S + O^2 = SO^2$$

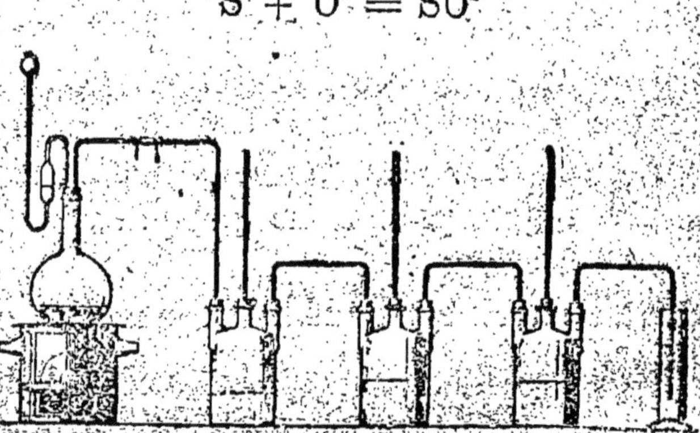

Fig. 15. — Préparation de l'acide sulfureux en solution.

Il est très soluble et forme un hydrate dans l'eau.

On peut obtenir l'anhydride et l'hydrate en attaquant le charbon ou le cuivre par l'acide sulfurique :

$$2\ SO^4\ H^2 + Cu = SO^4\ Cu + SO^2 + 2\ H^2\ O$$

C'est un gaz suffocant qui éteint la combustion ; c'est un décolorant et un désinfectant énergique. Il se liquéfie sous une pression de 2 k. Il est très employé comme *antichlore*. On l'emploie beaucoup aussi pour la production du froid.

Acide sulfurique

Cet acide est produit en immenses quantités par la grande industrie des produits chimiques. Nous ne pouvons indiquer ici que les réactions qui se produisent dans cette fabrication.

On transforme l'acide sulfureux en acide sulfurique :

$$SO^3\ H^2 + O = SO^4\ H^2$$

Cette transformation s'opère par l'acide azotique qui sert d'oxydant en présence de l'air et de la vapeur d'eau :

$$3\ SO^2 + 2\ Az\ O^3\ H + 2\ H^2\ O = 3\ SO^4\ H^2$$
$$+ 2\ Az\ O$$

L'acide perd donc de l'oxygène, mais il se régénère en présence de l'eau et de l'air :

$$2 \, Az \, O + 3 \, O + H^2 O = 2 \, Az \, O^3 \, H$$

La molécule AzO s'appelle *nitrosyle*. En marche irrégulière, elle donne lieu aux *cristaux des chambres de plomb*.

Propriétés

La densité de l'acide sulfurique = 1.854 anhydre. L'acide du commerce marque 66° Baumé ou = 1.842, il contient % k. = 81 k. 600 d'acide anhydre soit = 1 k. 523 par litre. Il est très *hygroscopique*, c'est-à-dire avide d'eau. Il attaque presque tous les métaux et brûle les matières organiques. Ses sels s'appellent des *sulfates*, l'acide sulfureux forment des *sulfites*.

MÉTALLOÏDES TRIVALENTS

Le groupe comprend : *l'azote, le phosphore, l'arsenic, l'antimoine.*

Le premier est gazeux, les autres solides.

AZOTE

$$Az \text{ ou } N = 14$$

L'azote est très répandu dans la nature, il forme les 4/5 de l'air.

Fig. 16. — Préparation de l'azote au moyen du phosphore.

Préparation

En brûlant du phosphore sous une cloche, on forme de l'acide phosphorique par fixation de l'oxygène et il reste l'azote.

Pour l'obtenir pur, on fait passer de l'air sur du cuivre en tournure chauffé au rouge. L'oxygène forme de l'oxyde de cuivre et l'azote passe ayant été au préalable débarrassé de l'acide carbonique qui l'accompagne dans l'air par contact dans un tube en U rempli de potasse.

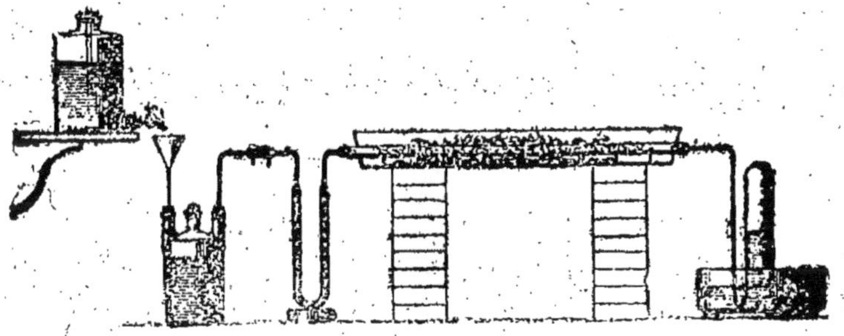

Fig. 17. — Préparation de l'azote au moyen de l'air et du cuivre chauffé au rouge.

Propriétés

Gaz incolore, inodore, insipide. D = 0.972, liquéfié à — 136° sous 130 k. Il n'entretient ni la combustion ni la respiration. Faibles affinités.

PHOSPHORE

$$P = 31$$

Les os, l'apatite, la wagnerite, etc., contiennent du phosphore.

Préparation

On mêle des cendres d'os avec 70 % d'acide sulfurique et on chauffe, on a :

$$(PO^4)^2 Ca^3 + 2 SO^4 H^2 = (PO^4)^2 Ca H^4 + 2 SO^4 Ca$$

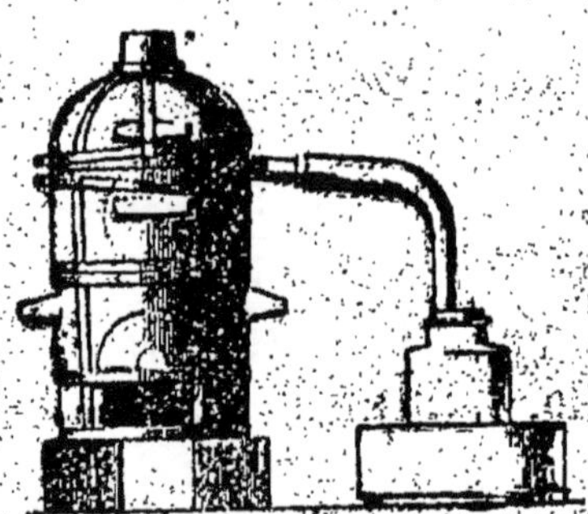

Fig. 18. — Préparation du phosphore.

On sépare le sulfate de chaux par filtration. On concentre et calcine doucement, il se forme un métaphosphate de chaux $(PO^3)^2 Ca$.

On distille dans une cornue en terre. Il se forme du pyrophosphate et la moitié de phosphore se dégage en vapeur :

$$2 (PO^3)^2 Ca + 5 C = 2 P + 5 CO + P^2 O^7 Ca^2$$

On voit qu'on a dû opérer dans cette réaction ce qu'on appelle une *réduction* par le carbone par le mélange, avant distillation, du métaphosphate avec un poids égal environ de charbon de bois.

Pour avoir du phosphore pur, il faut le distiller de nouveau ainsi que ci-dessous :

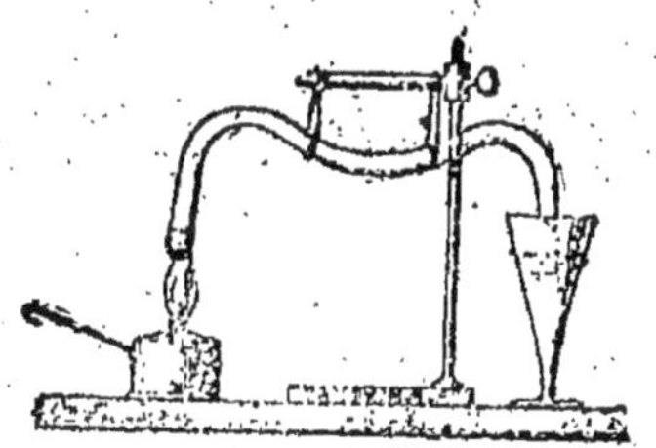

Fig. 19. — Distillation du phosphore.

Propriétés

C'est un corps d'aspect cireux, jaune en bâton conservés dans l'eau. D = 1.83. Fond à 44°. Exposé au soleil, il se forme une couche opaque. Insoluble dans l'eau, soluble dans le sulfure de carbone qui l'abandonne en s'évaporant à un état si divisé qu'il s'enflamme à l'air (brûlot des anarchistes). Il répand une odeur d'ail.

En chauffant le phosphore à 240° dans un gaz inerte, il se transforme en phosphore *amorphe*, il est devenu de couleur rouge et il est rendu ainsi très maniable et non délétère.

L'antidote du phosphore est l'essence de térébenthine. On connaît l'emploi du phosphore pour les allumettes.

ARSENIC

$$As = 75$$

Existe dans la nature à l'état libre ; mais le plus souvent combiné au soufre et à divers métaux.

Préparation

On grille les minerais arsenicaux dont les vapeurs se condensent en poudre blanche qu'on calcine avec du charbon :

$$A S^2 O^3 + 3 C = 3 CO + As^2$$

L'arsenic se volatilise sans fondre à 180°. On a vu que sa molécule pèse As⁴. Il est inaltérable à l'air. Son odeur est alliacée. C'est un poison terrible; mais très facile à déceler par l'appareil de Marsh.

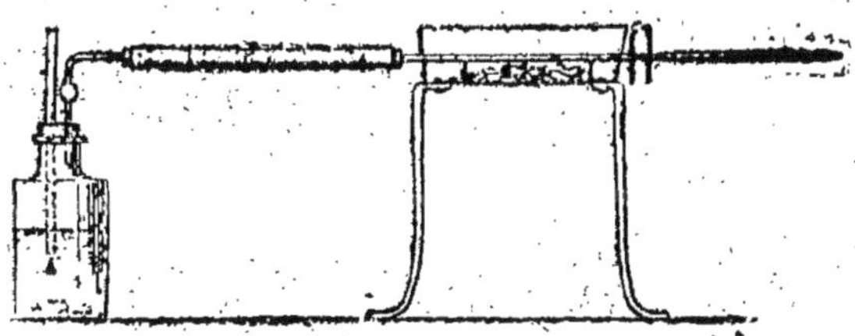

Fig. 20. — Appareil de Marsh modifié par l'Académie des sciences.

ANTIMOINE

$$Sb = 120$$

On le trouve combiné presque toujours au soufre ou à l'arsenic.

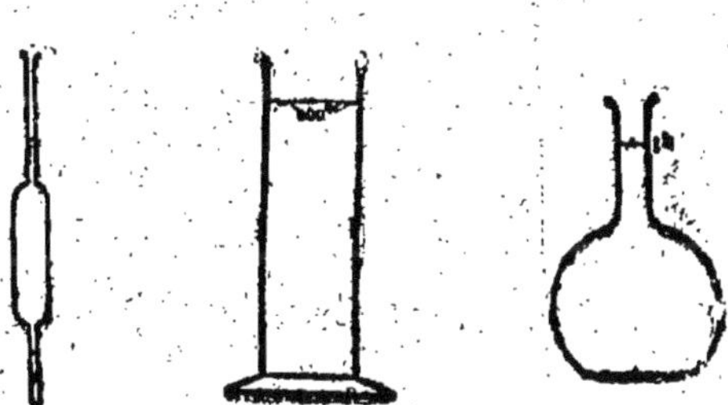

Fig. 21. — Pipette, éprouvette et carafe jaugées.

On l'obtient par le grillage du sulfure et la réduction de l'oxyde formé par le charbon.

Sa densité = 6,7, il possède l'éclat des métaux, il fond à 430°. Il est toxique; on l'emploie dans la composition des caractères d'imprimerie.

Combinaison des Métalloïdes Trivalents

AMMONIAQUE

$$Az\ H^3 = 17$$

Ce corps important est abondant dans la nature. Il résulte, en effet, des décompositions animales et végétales de toutes sortes: urine, déjections, etc...

Préparation

On chauffe du chlorure d'ammonium ou un sel ammoniacal avec la chaux vive et on recueille le gaz dans un flacon sec ou sur l'eau.

Propriétés

Gaz incolore, odeur suffocante. $D = 0.59$, l'eau en absorbe à froid environ 700 fois son volume, liquéfiable à $+ 10°$ sous 6 à 7 k. La solution s'appelle d'habitude *alcali volatil.* C'est une base puissante d'un emploi constant.

COMBINAISONS DU PHOSPHORE

Hydrogène phosphoré

Préparation de l'hydrogène phosphoré gazeux :

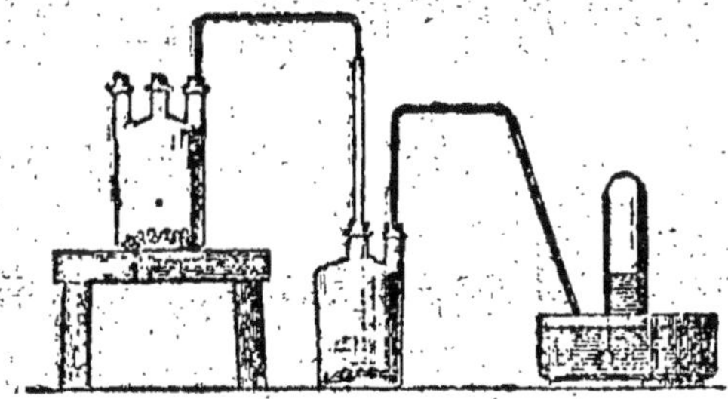

Fig. 22. — Préparation de l'hydrogène phosphoré gazeux.

On l'obtient pur en chauffant fortement de l'acide phosphoreux :

$$4 \, PO^4 H^3 = 3 \, PO^4 H^3 + P H^3$$

C'est un gaz très délétère d'odeur alliacée désagréable; il ne s'allume dans l'air que quand il est impur.

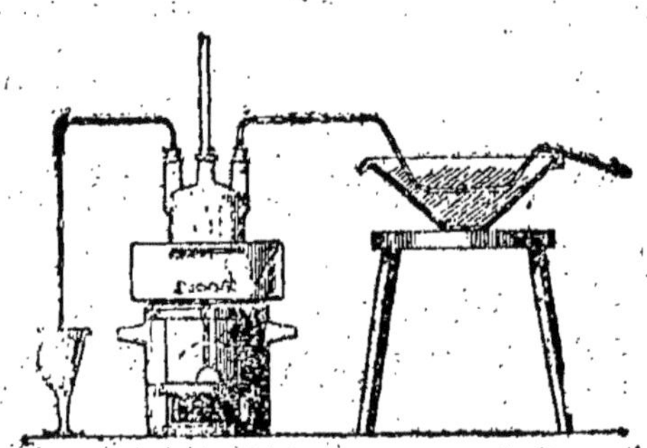

Fig. 23. — Préparation de l'hydrogène phosphoré liquide.

L'hydrogène phosphoré liquide s'obtient en refroidissant l'hydrogène gazeux dégagé par une douce chaleur ainsi que l'indique la figure ci-dessus.

Cet hydrogène phosphoré liquide prend feu à l'air spontanément et communique cette propriété à tous les gaz inflammables auxquels on le mélange.

Chlorure de phosphore

En dirigeant un courant de chlore sur du phosphore qu'on chauffe doucement, on obtient le trichlorure de phosphore PCl³. En ajoutant un excès de chlore à ce dernier, on arrive au pentachlorure de phosphore.

Le brôme et l'iode forment des composés analogues.

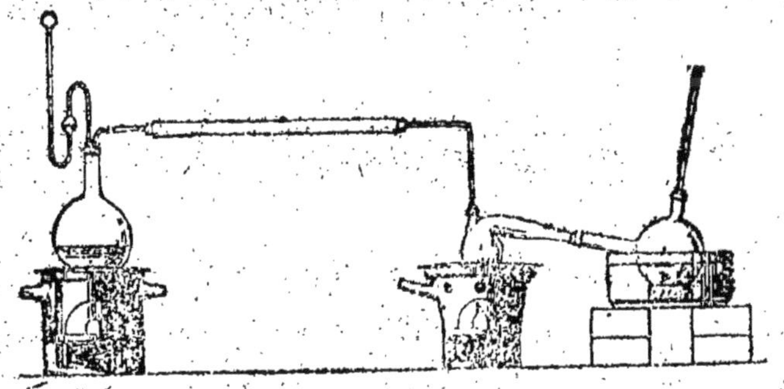

Fig. 24. — Appareil pour la préparation des chlorures de phosphore.

L'AIR

L'air est un mélange d'azote et d'oxygène. Il a été liquéfié, à la pression ordinaire son point d'ébullition est de — 192°.

C'est le grand chimiste Lavoisier qui en donna la composition par une expérience célèbre qui fut pour la chimie le point de départ des admirables découvertes qu'elle a suggérées.

Après avoir laissé en contact pendant 12 jours de l'air et du mercure près de son point d'ébullition, Lavoisier constata que le mercure s'était transformé en oxyde rouge qu'on appelait alors *chaux métallique*. En chauffant cet oxyde il retrouva la quantité de gaz qui manquait au total primitif et en même temps, il reconnut que ce gaz entretenait énergiquement la combustion. C'était aussi la découverte de l'oxygène.

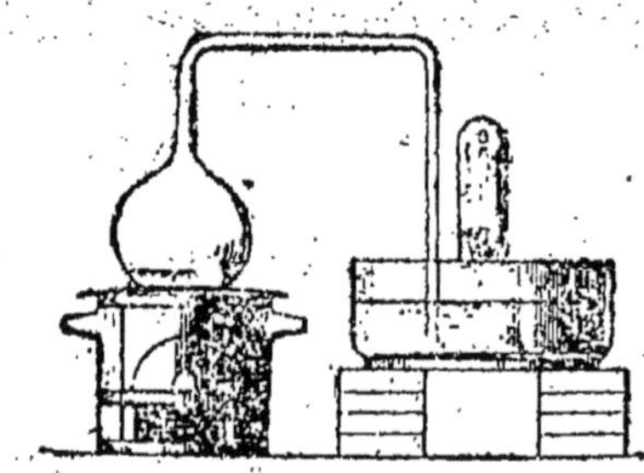

Fig. 25. — Appareil de Lavoisier.

Il y a de nombreuses méthodes d'analyse de l'air, celle de Dumas et Boussingault est classique, mais délicate et compliquée. La plus simple est celle que nous avons déjà indiquée pour obtenir l'azote. Dans un tube jaugé on met une quantité d'air connue en contact avec du phosphore qui absorbe len-

tement l'oxygène. Le volume disparu correspond à celui-ci.

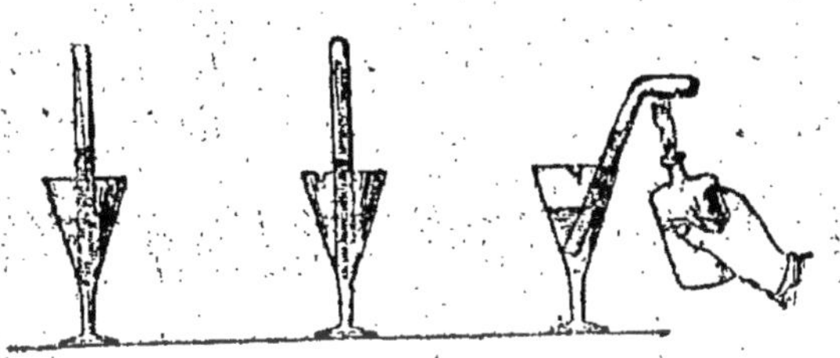

Fig. 26. — Analyse de l'air au moyen du phosphore
à froid, du cuivre et du phosphore à chaud.

L'air contient en poids =

$$
\begin{array}{lcr}
\text{Azote} & = & 76.87 \\
\text{Oxygène} & = & 23.13 \\
\hline
& & 100.00
\end{array}
$$

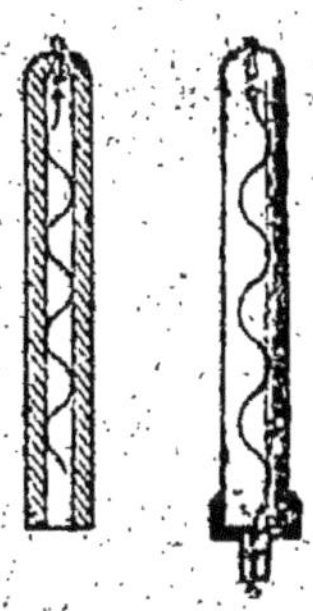

Fig. 27. — Endiomètre ordinaire et eudiomètre
de M. Gay-Lussac.

Par la méthode *eudiométrique*, on arrive à la composition en volume par la combustion d'un volume connu d'hydrogène en excès dans un volume connu d'air.

L'allumage se fait au moyen d'une étincelle électrique. On trouve ainsi que l'air est formé de :

$$
\begin{aligned}
\text{Azote} &= 79 \\
\text{Oxygène} &= 21 \\
\hline
&\ 100
\end{aligned}
$$

En 1894, lord Raleigh et lord Ramsay ont découvert dans l'air une série de nouveaux gaz dont les propriétés sont encore peu connues, ce sont : *l'argon, l'hélium, le néon, le xénon, le crypton et le métargon.*

L'air contient aussi de l'acide carbonique à raison de 2 à 6 dix millièmes environ.

De même, il contient de la vapeur d'eau. A 25° il est saturé d'humidité s'il contient par mètre cube = 22 gr. 5 d'eau. En général, il contient environ 50 à 70 % de cette quantité.

Enfin, lorsqu'il est confiné, on y trouve des gaz et matières plus ou moins nocives et délétères tels que des gaz complexes, des fermentations, putréfactions, etc., accompagnés de leurs bacilles et de leurs toxines.

COMBINAISONS DE L'AZOTE

L'azote forme avec l'oxygène :

Le monoxyde d'azote $= Az^2 O$
Le bioxyde $= Az O$
Le trioxyde $= Az^2 O^3$
Le tétroxyde $= Az^2 O^4$
Le pentoxyde $= Az^2 O^5$
L'acide azoteux $= AzO^2 H$
L'acide azotique $= Az O^3 H$

L'acide azoteux n'a pas été isolé ; mais il existe des azotites.

Acide azotique ou nitrique

On l'obtient en chauffant un mélange de nitrate de soude (salpêtre) et d'acide sulfurique :

$$2 Az O^3 Na + SO^4 H^2 = SO^4 Na^2 + 2 Az O^3 H$$

L'acide azotique est un liquide incolore, fumant à l'air. D $= 1.54$. Il se décompose à l'air et à la lumière en oxygène, eau et tétroxyde d'azote qui se colore vite en jaune. Il bout à 86° et se décompose comme ci-dessus :

$$2 Az O^3 H = H^2 O + 2 Az O^2 + O$$

Il est très soluble dans l'eau. La solution concentrée contient 68 % d'acide, sa densité est = 1.414. C'est un oxydant énergique.

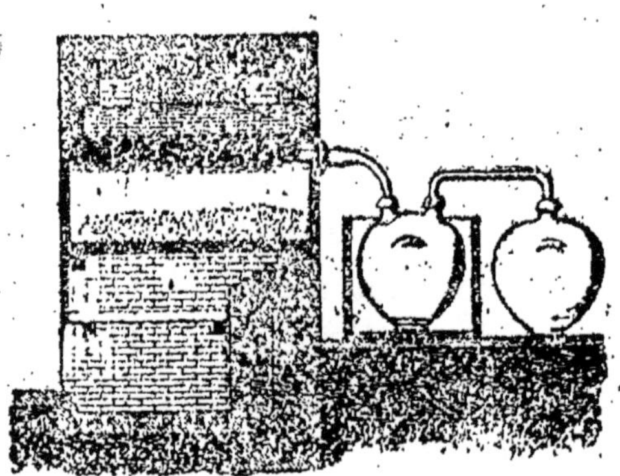

Fig. 28. — Préparation de l'acide azotique.

Eau régale

Un volume d'acide azotique et 3 volumes d'acide chlorhydrique constituent *l'eau régale* qui a pour propriété de dissoudre l'or et le platine.

Protoxyde d'azote

On l'obtient en chauffant l'azotate d'ammoniaque qui se dédouble ainsi :

$$Az\,O^3\,Az\,H^4 = 2\,H^2\,O + Az^2\,O$$

Il entretient la combustion et la respiration en petite quantité. Son aspiration produit une sorte d'ivresse qui est suivie d'anesthésie, aussi est-il connu sous le nom de *gaz hilarant*.

Bioxyde d'azote

On le produit par l'attaque du cuivre au moyen de l'acide azotique :

$$3 \, Cu + 8 \, Az \, O^3 H = 3 \, (Az \, O^3)^2 \, Cu + 4 \, H^2 O + 2 \, Az \, O$$

C'est un gaz incolore, insoluble dans l'eau, soluble dans une dissolution de sel de fer au minimum. Il entretient la combustion. Au contact de l'air, il forme du tétroxyde d'azote.

Tétroxyde ou peroxyde d'azote

On l'obtient liquide en chauffant l'azotate de plomb et en refroidissant le gaz dégagé.

C'est un liquide jaune rougeâtre. Il bout à 25° ; on l'appelle aussi *acide hypoazotique*.

COMBINAISONS DU PHOSPHORE AVEC L'OXYGÈNE

On connaît :

$PO^2 H^3$ acide hypophosphoreux
$PO^3 H^3$ acide phosphoreux
$PO^4 H^3$ acide phosphorique
$PO^3 H$ acide métaphosphorique
$P^2 O^7 H^4$ acide pyrophosphorique

Acide hypophosphoreux

On l'obtient en traitant l'hypophosphite de barium par l'acide sulfurique. C'est un liquide épais et d'action très réductrice.

Acide phosphoreux

On expose du phosphore à l'air humide en plaçant des bâtons de phosphore jaune dans

Fig. 29. — Acide phosphoreux.

des tubes qu'on place sur un entonnoir pour qu'ils s'égouttent.

Anhydride phosphorique

$$P^2 O^5$$

On brûle du phosphore dans un ballon dans lequel on fait arriver un courant d'air.

C'est un des corps les plus hygroscopiques que l'on connaisse.

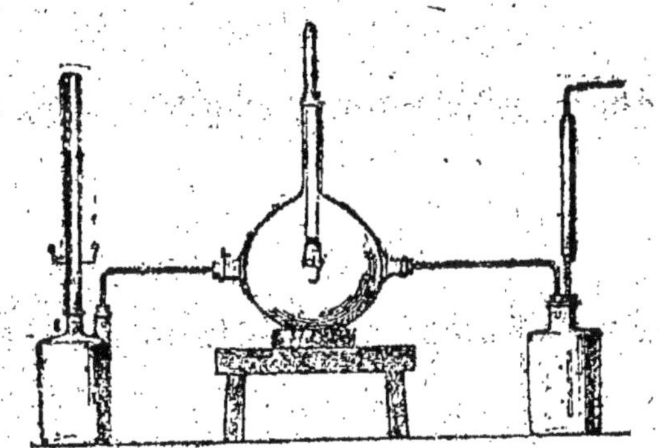

Fig. 30. — Préparation de l'acide phosphorique anhryde.

L'acide phosphorique est très employé en agriculture sous forme de phosphate ou superphosphate de chaux.

COMBINAISONS
DE L'ARSENIC ET DE L'ANTIMOINE
AVEC L'OXYGÈNE

Ce sont, parmi les plus connus :

$$\text{l'acide arsénieux} = As\ O^3\ H^3$$
$$\text{l'acide arsénique} = As\ O^4\ H^3$$

L'acide arsénieux se forme en brûlant l'arsenic à l'air.

On a ainsi une poudre blanche difficilement soluble. $D = 3.69$. On l'emploie en teinturerie.

C'est lui qui constitue le redoutable poison qu'on appelle improprement : *arsenic, arsenic blanc, mort aux rats*.

Son contre-poison est l'oxyde ferrique hydraté ou peroxyde de fer.

Il forme des *arsénites*.

L'acide arsénique s'obtient en oxydant le précédent. Il est employé dans la préparation de la *fuchsine*.

Il forme dés *arséniates*.

L'antimoine fournit les acides *antimonieux et antimoniques*.

Ils sont peu utilisés.

COMBINAISONS
DES ÉLÉMENTS TRIVALENTS
AVEC LE SOUFRE

Ce sont :

Le bisulfure d'arsenic-réalgar $= As\ S$.

Le trisulfure d'arsenic-orpiment $= As^2\ S^3$.

Le pentasulfure d'arsenic-orpiment $= As^2\ S^5$.

Le sulfure d'antimoine ou antimonieux $=$ $Sb^2\ S^3$.

Le sulfure antimonique $= Sb^2\ S^5$.

Le premier est le *foi d'antimoine*. Le mélange des deux sulfures constitue le *kermès minéral*.

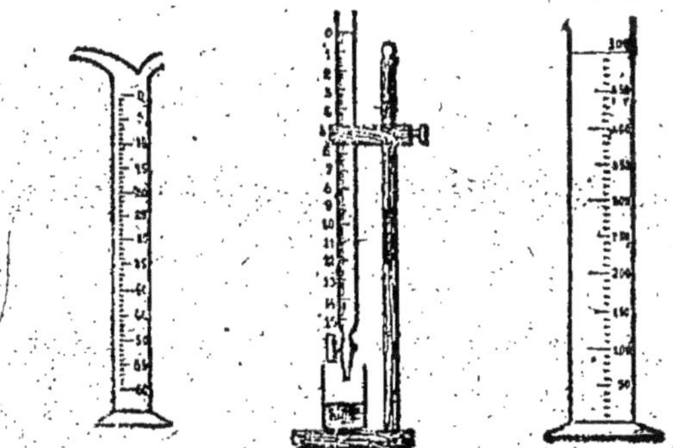

Fig. 31. — Burette graduée, burette graduée à robinet et éprouvette graduées.

MÉTALLOÏDES TÉTRAVALENTS

Ce sont le carbone et le silicium.

CARBONE

$$C = 12$$

Le carbone n'est autre que le charbon pur, le graphite ou plombagine, la houille, la tourbe. Il est contenu dans toutes les matières organiques combinées à l'hydrogène, à l'oxygène et aussi à l'azote. On le trouve dans les carbonates : craie, marbre, etc.

Préparation

Le diamant est le carbone pur. On peut le brûler au moyen de l'appareil compliqué de Stass. Pour avoir du charbon presque pur, il suffit de brûler du sucre aussi blanc que possible.

Propriétés

Le carbone est cristallisé et incristallisable. Il est dimorphe, le diamant cristallisant dans le système régulier et le graphite dans le système hexagonal.

Le charbon dégage, en brûlant ou se transformant $C + 2O = CO^2 + 97$ calories 6, soit 8.000 calories par kilog.

C'est un réducteur énergique très employé pour cette raison en métallurgie.

Diamant

Il est trop connu pour qu'il soit intéressant d'en parler ici.

Graphite

Le graphite se trouve dans le sol, en Angleterre, en Sibérie, etc.

Quand il est très pur, on l'emploie pour la fabrication des crayons; moins pur, on en fait des creusets, des moules, des briques pour résister aux hautes températures.

Anthracite — Houille — Lignite Tourbe

Toutes ces catégories proviennent de matières végétales plus ou moins carbonisées. On connaît l'importance des mines de charbon.

Le *coke* est du carbone obtenu par la distillation de la houille.

Charbon de bois

Par la distillation du bois, on obtient du charbon et diverses matières telles que du goudron et de l'acide pyroligneux; mais on a encore l'habitude de fabriquer le charbon de bois sur place en le comburant dans des meules.

Fig. 32. — Charbon de bois (vue extérieure).

Fig. 33. — Charbon de bois (coupe).

Le charbon de bois a la propriété curieuse d'absorber les gaz par condensation. Un centimètre cube de charbon de fusain absorbe = 120 cent. d'ammoniaque, 110 cent.

B..

de gaz chlorhydrique, 75 cent. d'acide carbonique, etc. Cette propriété le rend très antiseptique : un morceau de charbon de bois mis dans du bouillon de bœuf, par exemple, permet de le conserver plusieurs jours.

Noir de fumée

On l'appelle aussi *suie*. Il sert à la peinture.

Noir animal

Provient de la calcination **des os**. Il est donc formé de carbonate et de phosphate de chaux. De même que le charbon de bois, il est décolorant, mais à plus haute intensité.

SILICIUM

$$Si = 28$$

Après l'oxygène, c'est le silicium qui est l'élément le plus répandu dans la nature.

Il forme la silice $= Si\,O^2$ (*cristal de roche*).

Préparation

On retire le silicium pur du chlorure de

silicium qu'on produit en passant un courant de chlore sur un mélange de charbon et de silice fortement chauffé.

$$Si\,O^2 + 2\,C + 2\,Cl^2 = Si\,Cl^4 + 2\,CO$$

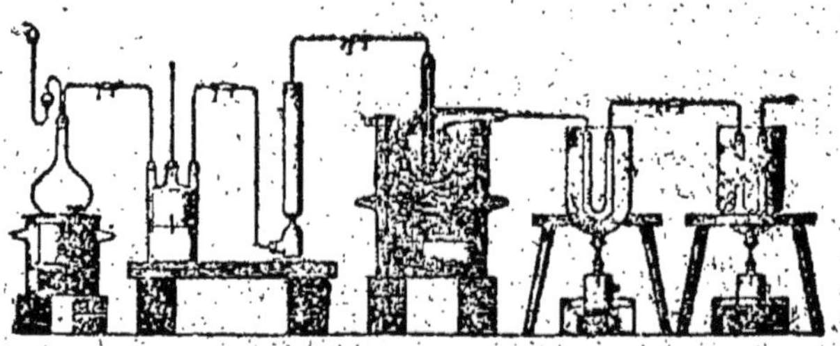

Fig. 34. — Chlorure de silicium.

Le sodium réagissant sur ce chlorure met le silicium en liberté :

$$Si\,Cl^4 + 4\,Na = 4\,Na\,Cl + Si$$

COMBINAISONS DU CARBONE AVEC L'HYDROGÈNE

Les combinaisons type sont :

L'*hydrogène protocarboné* ou *hydrure de méthyle* = CH^4. C'est lui qu'on appelle *gaz des marais*; dans les mines, il constitue le *grisou*.

On le prépare en chauffant de l'acétate de soude avec la soude caustique.

Gaz incolore, inodore, insosuble. Explosant en mélange avec l'air.

L'hydronène bicarboné ou éthylène $= C^2 H^4$ Le gaz d'éclairage en contient.

On le prépare en déshydratant l'alcool par l'acide sulfurique :

$$C^2 H^6 O - H^2 O = C^2 H^4$$

Gaz incolore, d'odeur éthérée, brûle avec une flamme éclairante. Forme des combinaisons huileuses avec le chlore, aussi l'appelle-t-on *gaz oléfiant*.

GAZ D'ÉCLAIRAGE

Le gaz d'éclairage est un composé complexe de plusieurs hydrocarbures qui proviennent de la distillation sèche de la houille, des huiles, des résines, du pétrole, etc.

Cette distillation a lieu dans des fours à cornues ; les gaz dégagés sont épurés ensuite et recueillis dans d'immenses cloches. L'ensemble de ces appareils constitue un *gazomètre*.

L'hydrure de méthyle cité plus haut donne

naissance, par *substitutions*, à des composés tels que :

Le *chloroforme* = CH Cl³ (*trichlorure de carbone*).

Le *tétrachlorure de carbone* = C Cl⁴.

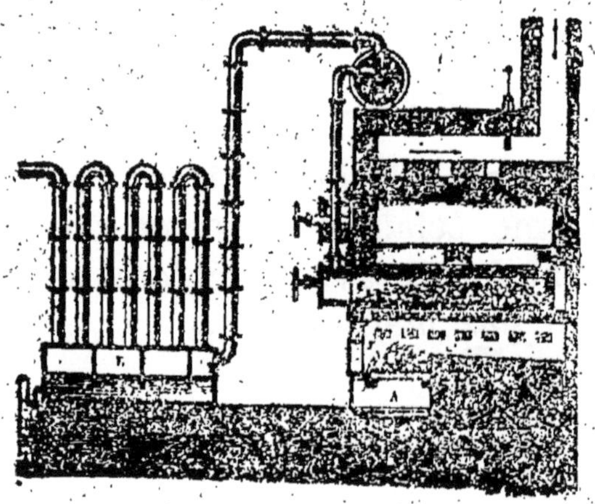

Fig. 35. — Gazomètre.

Acide hydrofluosilicique

Le fluor se combine à la silice pour donner le *tétrafluorure ou fluorure de silicium* :

$$Si\ O^2 + 4\ H\ F = Si\ F^4 + 2\ H^2\ O$$

Sous l'action de l'eau, il se forme de l'acide *hydrofluosilicique* = Si F⁶ H².

En attaquant un mélange de fluorure de calcium et de sable par l'acide sulfurique, on obtient cet acide très intéressant parce qu'il forme, avec la potasse, des composés insolubles.

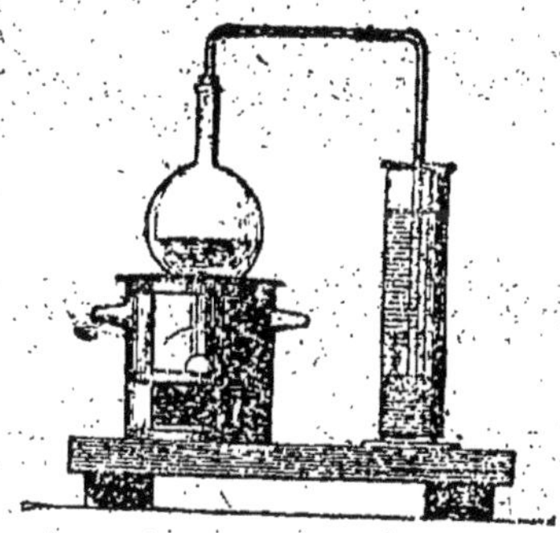

Fig. 36 — Acide hydrofluosilicique.

COMBINAISONS OXYGÉNÉES
DU CARBONE

Anhydride carbonique

$$CO_2$$

Il est plus connu sous le nom d'acide carbonique.

Préparation

En grand, on le prépare par la cuisson

du carbonate de chaux ou craie; sinon, on peut se le procurer par l'action de l'acide chlorhydrique par exemple sur la craie :

$$CO_3 Ca + 2 HCl = Ca Cl^2 + H^2 O + CO^3$$

Propriétés

Incolore, peu soluble. Il se liquéfie sous 36 kilogr. Son évaporation produit un froid intense.

Fig. 37. — Liquéfaction de l'acide carbonique.

L'eau dissout à 15° son volume d'acide carbonique; il est impropre à la combustion et à la respiration. A 1300° il se décompose en CO et en O.

Il est très employé en industrie et **pour** la fabrication des boissons gazeuses.

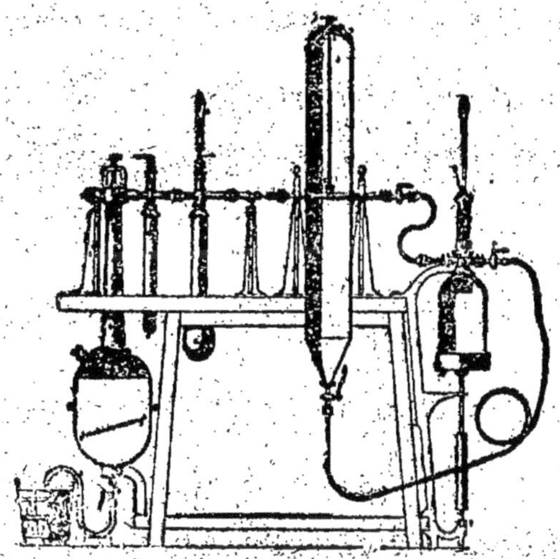

Fig. 38. — Appareil Savaresse pour la préparation des eaux gazeuses artificielles.

Oxyde de Carbone

Il se produit dans toutes les combustions incomplètes. C'est un poison terrible qui agit avant d'être même décelable. Aussi doit-on veiller aux modes de chauffage qu'on emploie.

Il est insoluble dans l'eau et brûle avec une flamme bleuâtre.

COMBINAISONS DU CARBONE
AVEC LE SOUFRE

Le sulfure de carbone ou bisurfure $= CS^2$ est un liquide incolore, très réfringent, d'une odeur de choux pourris. $D = 1.27$. Il est très volatil et bout à $47°$. On l'appelle aussi acide *sulfocarbonique*.

Fig. 39. — Sulfure de carbone (procédé de Brunner).

Préparation

On chauffe, dans une cornue, un mélange de charbon et de soufre qu'on ajoute peu à peu au fur et à mesure que le gaz se dégage et se condense.

Propriétés

Le sulfure de carbone est un dissolvant

par excellence. Il dissout le caoutchouc, les graisses, les essences, etc.

CYANOGÈNE

Le cyanogène, combinaison de carbone et d'azote est une des plus belles découvertes de Gay-Lussac. En effet, ce corps composé agit absolument comme un corps simple et forme des acides et des sels.

Sa formule : C Az se traduit d'habitude en Cy. C'est un gaz incolore, d'odeur piquante, brûlant avec une flamme rouge. Il se liquéfie sous 4 kilog. Il forme des cyanures, des cyanates, etc.

Combiné à l'hydrogène, il produit l'*acide cyanhydrique* qui est le plus violent des poisons.

Carborundum

Sous l'action de la haute température de l'arc électrique, le carbone et le silicium se combinent pour donner le *carbure de silicium* ou *carborundum*.

Ce corps est si dur qu'il remplace presque la poudre de diamant. Aussi est-il très utilisé.

BORE

Bo = 11

Ce corps n'existe pas à l'état isolé dans la nature. Il tient d'un côté aux métalloïdes, de l'autre, il ressemble à certains métaux tels que l'aluminium.

C'est une poudre verdâtre, inflammable.

On peut l'obtenir, comme pour le silicium, par le chlore à l'état de *trichlorure de Bore*.

Il donne aussi le *fluorure de Bore*.

Acide Borique

La *sassaline* est de l'acide borique pur. Il existe dans les vapeurs des *suffioni*.

Il se présente sous forme d'écailles nacrées. Solubles à raison de 4 %.

Combiné à la soude, il fournit le *borax* qu'on emploie par quantités énormes en poterie et faïencerie. Il sert aussi pour conserver les aliments.

DIALYSE

On appelle *dialyse* le phénomène qui permet de séparer deux corps de solubilité dif-

férente au moyen d'une membrane per-
méable ou *septum* telle que le parchemin,
par exemple. Ce phénomène préside à la
plupart des actions physiologiques aussi bien
des organismes vivants que des végétaux.

Les corps qui passent à travers la membrane sont désignés par les mots de *cristal-
loïdes* et de *colloïdes* pour ceux qui ne passent pas.

COMBUSTION

On a vu déjà la différence qui existe entre
un comburant et un combustible. L'action
du premier sur le second s'appelle la *combustion.*

Le charbon brûle sans flamme; un bec
de gaz brûle avec flamme : *la flamme est
par conséquent un gaz à l'état de combustion.*

Flamme

Une flamme est d'autant plus brillante
qu'il y flotte, à la température de la combustion, plus de fines particules incandes-
centes. Les corps riches en carbone, sans
excès, sont très éclairants, tels l'acétylène,

L'éclairage est d'autant plus intensif que la flamme est plus chaude et que les particules interposées sont infusibles. C'est le cas des becs à *incandescence* avec les oxydes des terres rares.

Fig. 40. — Flamme d'une bougie.

Dans la flamme d'une bougie, on distingue trois zones. La première est obscure, c'est celle ou s'opère la fusion de la matière; la seconde plus claire est la zone d'allumage, enfin la troisième, l'extérieure, est celle ou la combustion est complète, c'est la plus chaude.

On augmente la chaleur d'une flamme en provoquant la combustion complète de toutes ses parties.

Le bec Bunsen qui règle l'introduction de l'air permet d'augmenter notablement le pouvoir calorifique; mais le **chalumeau** permet d'atteindre les températures les plus hautes suivant les combustibles.

Sous le jet d'air qu'il produit la flamme s'allonge et sa pointe effilée peut arriver aux températures les plus élevées.

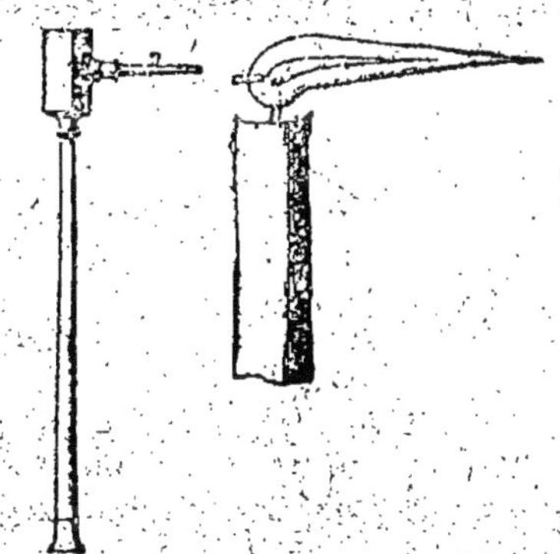

Fig. 41. — Chalumeau et dard.

On a pu déduire de ce qui précède qu'en abaissant la température on provoquerait l'extinction de la flamme. On démontre ce fait en interposant dans une flamme une toile métallique.

Davy a basé sur ce phénomène le principe de sa lampe dans laquelle une toile métallique empêche le gaz ambiant de s'allumer en dehors.

Puissance calorifique

On appelle puissance calorifique le nombre de calories que produit en brûlant un kilog de combustible. Exemple :

Charbon de bois = 8.137 calories.
* Houille = 6 à 8.000 calories.
Hydrogène = 34.600 calories.
Bois de chauffage = 4.800 à 5.100 calories.

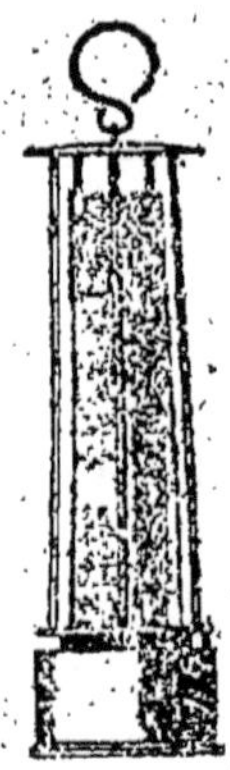

Fig. 42. — Lampe de Davy.

LES MÉTAUX

La plupart des métaux sont blancs ou grisâtres, le cuivre est rouge, l'or et le strontium jaunes et le calcium jaune pâle.

Le mercure seul est liquide.

Le potassium et le sodium sont mous.

Le plomb est rayé par l'ongle; le fer, le cobalt, le zinc par le verre ainsi que le platine, le cuivre, l'or, l'argent, l'aluminium, l'étain, le magnésium; le chrôme et le manganèse rayent le verre.

La malléabilité, la ductibilité, la tenacité sont des caractères que nous retrouverons à la description de chaque métal, ainsi que la conductibilité calorifique et électrique.

Les combinaisons des métaux avec les halogènes sont très stables, le plus souvent solubles, et le plus souvent aussi réalisables par l'action directe de l'hydracide.

736

L'action de l'oxygène sur les métaux diffère avec les groupes. Ceux qui ne sont pas oxydables directement : or, platine, argent, sont appelés métaux *nobles ou précieux*.

Un sel métallique est produit par la substitution du métal à l'hydrogène.

$$HCL + K = KCL + H$$

Minerais

On trouve peu de métaux à l'état natif. Ils sont, en général, sous formes de *minerais*. Les impuretés qui les englobent : terre, sable, etc, s'appellent *gangue*. Les minerais contiennent le métal combiné à l'oxygène, au chlore, au soufre, à l'arsenic, etc.

Métallurgie

C'est l'art d'extraire les métaux; leur détermination chimique par l'analyse s'appelle *docimasie*.

Traitements

Les minerais sont soumis à divers traitements : le *débourbage*, le *broyage*, le *triage*, et le *classage*, au moyen d'outillages appropriés. Puis on procède ensuite au *grillage*, à la *fusion* et à l'*affinage*. Ces opérations ont lieu dans des fours dits à *reverbère*, ou à chauffage distinct ou *catalans*, c'est-à-dire à chauffage par mélange.

CLASSIFICATION DES MÉTAUX

1er groupe : Métaux alcalins = K, Na, Li, Bb, Cs, Tl et les composés ammoniacaux.

2e groupe : Alcalino-terreux = Ca, Sr, Ba.

3e groupe : Mg, Zn, Cd, Gl.

4e groupe : Ag, Cu, Hg.

5e groupe : Ni, Co.

6e groupe : Fe, Mn, Cr.

7e groupe : Al, Ga, In.

8e groupe : Pb, Sn, Bi, Ti, Zr, Th, Ge.

9e groupe : Au.

10e groupe : Pt, Pd, Ir, Ru, Os, Rh.

Premier Groupe

MÉTAUX ALCALINS

Monovalents, décomposent l'eau à froid, leurs oxydes sont appelés : *alcalis*.

POTASSIUM

$$K = 39.1$$

Préparation

On décompose le carbonate de potasse par le charbon à haute température :

$$CO^3 K^2 + 2 C = 2 K + 3 CO$$

Fig. 43. — Appareil de MM. Thénard et Gay-Lussac pour l'extraction du Potassium.

Propriétés

Métal blanc, mou, $D = 0.85$, fond à 63°, décompose l'eau si violemment que l'hydrogène dégagé s'allume. On le conserve

dans le pétrole. Il réduit les oxydes et sert
à isoler les autres métaux de leurs combinaisons.

SODIUM

$$Na = 23$$

On le prépare comme le potassium auquel il ressemble beaucoup avec des éner-
gies moindres. D = 0.972. Fond à 95°

LITHIUM

On l'obtient par électrolyse, on le trouve
dans diverses eaux minérales et dans divers minerais. Il décompose l'eau à froid.
Les autres métaux alcalins sont si rares
qu'ils n'ont aucun usage.

COMBINAISONS DU POTASSIUM

Chlorure de potassium

Abondant dans certaines mines telles que
celles de Stassfurth. Cristallise comme le
sel de cuisine. Se dissout dans trois parties
d'eau froide. Insoluble dans l'alcool. Vien-

nent ensuite : le *bromure*, l'iodure, le **fluo-rure**, et le *cyanure de potassium.*

COMBINAISONS DU SODIUM

Chlorure de sodium

Sel de cuisine. On le trouve à l'état de sel *gemme*, dans les mines d'où on l'extrait par dissolution pour le séparer des impu-

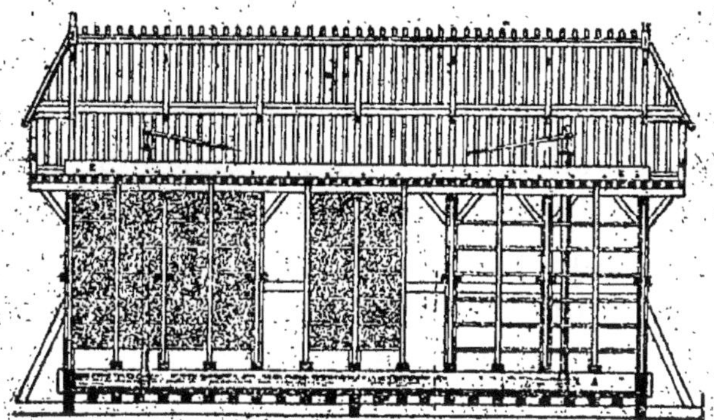

Fig. 44. — Bâtiment de graduation.

retés. Puis on évapore l'eau soit par chauffage, soit par évaporation au soleil et par courant d'air. Dans ce but, on fait couler la solution sur des fagots placés par étage dans un bâtiment de *graduation*. On termine l'évaporation dans des appareils à vide et le sel se dépose. On le sèche par essorage.

Le *sel marin* est identique au précédent et n'en diffère que par son origine. Les eaux de la mer contiennent 3,5 % de chlorure sodique accompagné de bromure et d'iodure ainsi que les sels magnésiens. Ceux-ci étant plus solubles, laissent déposer le sel et deviennent extractibles par une plus grande concentration. Ces opérations ont lieu dans les *marais salants*.

Le sel de cuisine est indispensable à l'organisme des omnivores et des herbivores. De plus, outre qu'il assaisonne, il facilite les fonctions du suc gastrique et rend plus dialysables les liquides nourriciers.

En industrie, il est la base de la grande fabrication de la soude, ainsi que des conserves alimentaires.

Chlorure d'ammonium

On l'appelle aussi *sel ammoniac*. Il provient en grande partie de la fabrication du gaz d'éclairage.

Il est utilisé pour la fabrication de *l'ammoniaque*, l'étamage et zingage des métaux et la soudure.

POTASSE CAUSTIQUE

On prépare la potasse caustique par la décomposition de son carbonate par la chaux.

$$CO_3 K_2 + Ca (OH)_2 = CO_3 Ca + 2 KOH$$

La potasse caustique est blanche, très déliquescente et absorbe vite l'acide carbonique. Elle est soluble dans l'eau et l'alcool. En solution on l'appelle : *lessive*. En bâtons : *pierre à cautères*.

SOUDE CAUSTIQUE

On l'obtient comme la potasse. Elle provient, ainsi que nous l'avons dit, du sel marin.

Fig. 45. — Four à décomposer le Sel marin employé par M. Kuhlman.

On la fabrique industriellement maintenant par l'électrolyse.

Le sodium se porte au pôle négatif et le
chlore au positif.

La soude a tous les caractères de la potasse, mais à un degré d'énergie moindre.

Toutes deux forment des sulfures dans
les mêmes conditions.

SELS DE POTASSE

Nous avons indiqué plus haut, aux composés oxygénés du chlore, la production du
chlorate de potasse.

Sulfate de potasse

$$SO_4 K_2$$

Il se forme, ainsi que nous l'indiquons
dans la dernière figure, par la réaction
de l'acide sulfurique sur le sel chloruré.

Azotate ou Nitrate de potasse

C'est le salpêtre qui se forme naturellement sur les murs et même dans le sol, le

plus souvent à l'état de sel de chaux, **qu'on** transforme ensuite en sel de potasse :

$$(Az\ O^3)^2\ Ca\ +\ CO^3\ K^2 = 2\ Az\ O^3\ K\ +\ CO^3\ Ca$$

Le sel est très soluble surtout à chaud. Il a des usages nombreux autant comme engrais que surtout pour la fabrication de la poudre à canon.

Poudre à canon

La poudre de guerre se compose de :

Salpêtre = 75,0
Charbon = 12,5
Soufre = 12,5
——————
100,0

Pous essayer ce mélange, on se sert du mortier éprouvette,

Fig. 46. — Mortier éprouvette.

Pour être de bonne qualité, une poudre doit donner par gramme :

Résidus = 0 gr. 068

0 gr. 032 en produits gazeux = 193 centimètres cubes.

Ces gaz sont composés d'azote, d'acide carbonique, d'hydrogène pur et sulfuré, d'oxygène, etc...

Carbonate de potasse

On le nomme communément *Sel de potasse*, il est blanc, déliquescent. On le retire de la cendre des végétaux et on le purifie par cristallisations.

Le *bicarbonate* est très employé en médecine.

Silicate de potasse

Verre soluble ou liqueur de cailloux, obtenu par la fusion du carbonate avec la silice.

SELS DE SOUDE

Les sels de soude correspondent à ceux de potasse. Le sulfate de soude, *sel de*

Glauber, est produit de la même façon que celui de potasse. Il s'en distingue par ce fait curieux que sa solubilité augmente jusqu'à 33° et décroît ensuite jusqu'à 100°.

Le *bisulfite de soude* se forme en faisant passer de l'acide sulfureux en grand excès dans une lessive de soude.

L'*hyposulfite* s'obtient en chauffant du sulfite sodique avec de la fleur de soufre.

Nitrate de soude

Ce sel est précieux pour l'agriculture, on le trouve en quantités immenses dans les nitrières du Chili.

Carbonate de soude

C'est lui que les ménagères appellent des *cristaux* ; il est le produit principal des soudières et sert à la fabrication du verre et des glaces, des savons, etc.

Dans le procédé Leblanc, on transforme le sulfate en carbonate, au moyen de charbon dans un four à réverbère :

$$SO^4 Na^2 + 4 C = 4 CO + Na^2 S$$

Le sulfure sodique est converti en carbonate :

$$Na^2 S + CO^3 Ca = Ca S + CO^3 Na^2$$

Dans le *procédé Solvay*, on traite directement le chlorure sodique par le bicarbonate d'ammoniaque et l'on sépare les sels par différence de solubilité.

Ces procédés semblent disparaître aujourd'hui devant les méthodes électrolytiques qui sont moins encombrantes et plus économiques.

SELS D'AMMONIAQUE

Le *sulfate d'ammoniaque* provient en grande partie des usines à gaz, des vidanges, etc... Il est très employé en agriculture.

Nitrate d'ammoniaque

$$Az O^3 Az H^4$$

Il est très employé pour produire le proto et le bioxyde d'azote, et comme réfrigérant.

Phosphate d'ammoniaque

$$PO^4 Az H^4 H^2$$

Est quelque fois employé en industrie.

Le *carbonate* et le *sesquicarbant-ammonique* ont aussi diverses applications. Le dernier sert à la fabrication des sels dits *anglais* pour les flacons de parfumerie.

Deuxième Groupe

MÉTAUX ET TERRES ALCALINES

Calcium

Le calcium forme des chlorures, bromures, iodures et fluorures. Ce dernier est le *spath fluor*, les autres s'obtiennent par le traitement direct de l'acide sur la chaux ou son carbonate.

Chaux vive

On l'obtient par la cuisson du carbonate de chaux craie ou marbre dans des fours dits *fours à chaux*.

Fig. 47. — Four à chaux ordinaire.

La chaux sert à faire les mortiers, les ci-
ments, etc...

Le *carbure de calcium*, corps nouveau, sert
à la production de l'acétylène :

$$Ca\,O + 3\,C = Ca\,C^2 + 2\,CO$$

d'où l'on a avec l'eau :

$$Ca\,C^2 + H^2\,O = C^2\,H^2 + Ca\,O$$

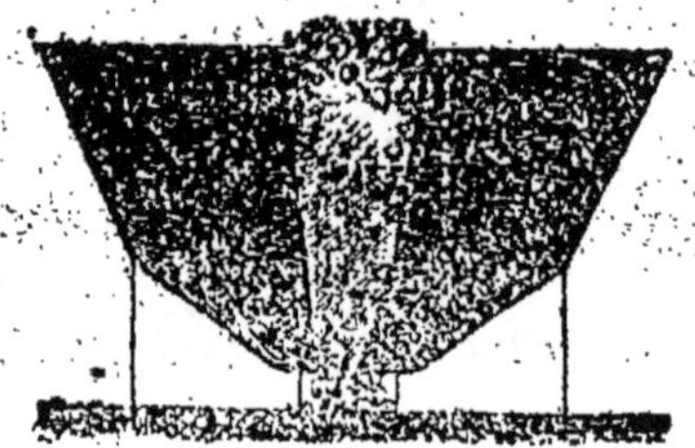

Fig. 48. — Four à chaux continu chauffé à la houille.

BARYUM ET STRONTIUM

Ils fournissent les oxydes $Ba\,O$ et $Sr\,O$.
Tous deux étaient jadis employés en sucre-
rie pour la propriété qu'ils ont de précipiter
le sucre sous forme de sucrate insoluble.

Bioxyde de baryum

Sert à la fabrication de l'oxygène et de
l'eau oxygénée.

Hypochlorite de chaux

Nous avons dit déjà qu'il était la base de *l'eau de Javel* et des chlorures décolorants ou désinfectants.

Sulfate de chaux

Est le plâtre qu'on cuit, qu'on broie, et qu'on utilise en construction.

Phosphate de chaux

Ils sont abondants dans la nature sous les formes de phosphate proprement dit, de nodules, de coprolithes, d'apatite, etc... ainsi que d'os, de noir animal, etc... C'est une matière précieuse et de première utilité pour l'agriculture qui en consomme des quantités colossales.

Ces phosphates naturels ne sont pas, comme on le croit, insolubles. Un broyage énergique les rend déjà solubles, mais lentement. Ils le deviennent réellement lorsqu'on les mélange au fumier, par exemple, au sein duquel les multiples réactions de la décomposition les font passer à l'état soluble dans la terre.

Dans ces conditions, ils ont l'avantage de coûter moins cher que les *superphosphates* qui doivent leur solubilité à l'intervention de l'acide sulfurique sous l'action duquel il s'est formé du sulfate de chaux et du phosphate acide de chaux que l'eau peut dissoudre.

Carbonate de chaux

Cette matière est trop connue pour en parler. Elle constitue la craie, le marbre, la pierre à chaux, etc...

VERRE

Sans entrer dans les détails de fabrication, nous donnerons le classement des différents verres; on a :

1° le verre de Bohême — potasse et chaux.

2° le verre à vitre — soude et chaux.

3° le verre cristal — potasse et chaux.

4° verre à bouteilles — soude, alumine, chaux.

Toutes ces matières constitutives sont additionnées d'une proportion de sable ou silice convenable, ainsi le verre à glaces se compose de :

$$Sable = 73$$
$$Chaux = 15,5$$
$$Soude = 11,5$$
$$\overline{100}$$

Troisième Groupe

Magnésium

$$Mg = 24$$

On prépare le magnésium en faisant réagir le sodium sur son chlorure.

Il est blanc, ductile, $D = 1.75$, il brûle à l'air avec une flamme éclatante et riche en rayons chimiques.

Zinc = 65

Ses minerais sont la *calamine* et la *blende*. On le réduit par le carbone :

$$ZnO + C = CO + Zn$$

L'oxyde de zinc est en flocons volumineux connus sous le nom de *laine philosophique*.

Dans la peinture, il remplace le plomb, c'est alors le *blanc de zinc*.

Le zinc donne un chlorure, un sulfate, un carbonate, des sulfures, etc...

Quatrième Groupe

ARGENT

$$Ag = 108$$

L'argent existe à l'état natif. Puis à l'état de sulfure (galène plombo-argentifère).

On le retire par amalgamation avec le mercure ; mais surtout par *coupellation* dans le traitement des plombs argentifères.

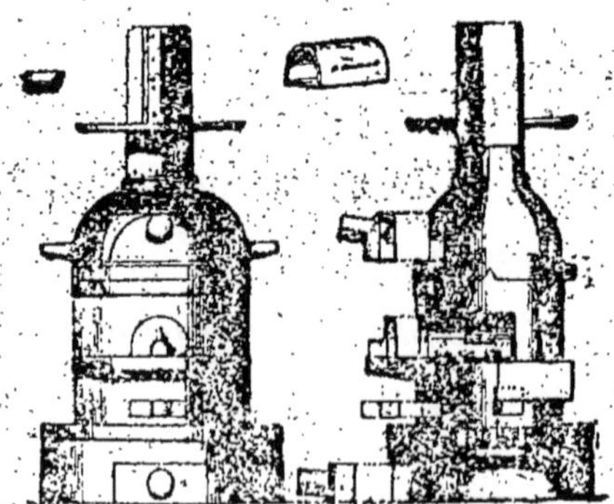

Fig. 49. — Fourneau de Coupelle.

Pour obtenir l'argent pur, il faut le transformer en chlorure qu'on réduit ensuite par le zinc.

Il fond à 1000° et est très malléable et ductile. On le colore en noir par le soufre ou le chlore.

CUIVRE

$$Cu = 63.3$$

On le trouve à l'état natif. Son minerai le plus courant est la pyrite de cuivre.

On le traite par grillage d'abord, puis on réduit *les mattes* par le charbon dans un four à réverbère.

Le cuivre est rouge. $D = 8.9$, il fond exactement à 1080°c, inaltérable, sauf à l'humidité.

Il donne des sulfates, nitrates. L'ammoniaque forme avec lui un *ammoniure*. Il est très bon conducteur de l'électricité.

MERCURE

$$Hg = 200$$

Le cinabre ou sulfure de mercure est son principal minerai.

L'extraction est des plus simples. On chauffe le sulfure, le soufre brûle et le mercure vaporisé va se condenser dans une chambre ou on le recueille.

Le mercure est le seul métal liquide. Il se congèle à 40°c. D = 13,59. Il émet des vapeurs à la température ordinaire et bout à 360°c. Il dissout presque tous les métaux, sauf le fer. On l'appelle alors *amalgame*. L'amalgame d'étain constitue le *tain* des glaces et des miroirs. C'est un poison violent. Quand il est impur, il fait la *queue*.

Il donne des chlorures mercureux (calomel), et mercuriques (sublimé corrosif), des oxydes mercureux et mercuriques (précipité *per se* des alchimistes); un sulfate mercurique et des azotates mercureux et mercuriques.

Cinquième Groupe

NICKEL

Ni = 59

Le minerai est en général un arséniure Speiss-Cobalt ou Kupfernickel. On le grille.

Il reste une matte qu'on attaque par l'acide sulfurique, la chaux et l'hydrogène sulfuré successivement pour séparer le fer, l'arsenic, le cobalt. Il reste de l'hydroxyde de nickel qu'on réduit par le charbon.

C'est un métal blanc, très dur, ductile et réceptif au poli. D = 8,8. Il fond au-dessus du fer. Il est magnétique, inaltérable à l'air et à l'eau.

Il donne des sels nickeleux : chlorure, oxyde, sulfate.

COBALT

$$Co = 59$$

Son nom vient de *Kobolds*, mauvais génies des mines. On le rencontre comme le nickel dont il suit le traitement.

Il est blanc, ductile et polissable. D = 8,9.

Très dur à fondre, il est inaltérable.

Il fournit les mêmes sels que le nickel.

Sixième Groupe

FER

$$Fe = 56$$

Les minerais de fer sont surtout des sulfures, puis des arséniures. On a aussi des oxydes : *l'hématite,* la *limonite,* le *fer magnétique,* etc...

Fig. 50. — Haut fourneau.

Nous avons parlé plus haut des fours catalans, ils sont presqu'abandonnés et aujourd'hui avec le *haut-fourneau*, on produit le fer scientifiquement.

On emploie des *fondants, castine, aerbue,* calcaires ou siliceux suivant la gangue, ce sont eux qui produisent les *laitiers.*

Dans le haut-fourneau, on remarque :

La zone de préparation ou dessication.

Celle de réduction sous l'action de l'oxyde de carbone.

La zone de carburation qui produit la *fonte.*

Celle de fusion où toute la masse est fluide.

Enfin, la zone de chauffe ou de combustion.

La *coulée* laisse passer et recueillir la masse fondue.

La méthode catalane donne du fer, tandis que le haut-fourneau produit une matière qu'il faut retoucher.

On a recours alors à l'*affinage.*

On l'effectue dans le four à *puddler* ou l'on débarrasse le fer de ses impuretés; silice, carbone, etc...

Les fers doux sont très ductiles et très malléables. Ils sont très purs, on les nomme *fer au bois, fers de Suède.*

Les autres qualités de fer varient aujourd'hui suivant les fabrications.

Les aciers sont produits par divers systèmes tels que *Bessemer, Siemens* et *Martin,* etc...

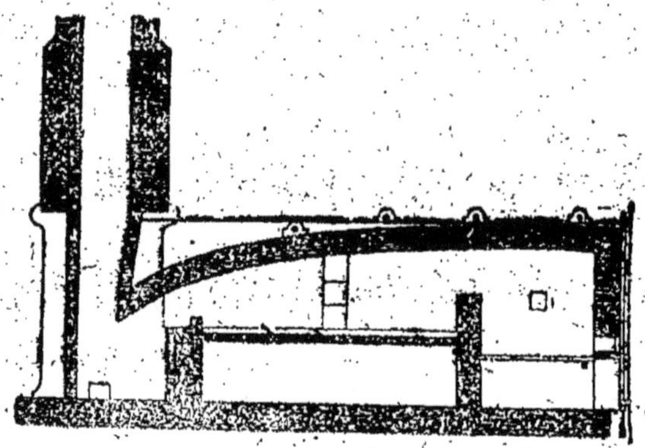

Fig. 51. — Four à puddler.

Ils doivent leurs propriétés de résistance à la dose de carbone qu'on y laisse. Aujourd'hui, on les rend plus résistants et surtout plus durs en les additionnant de chrôme, de tungstène, etc...

A ce point de **vue, on** a atteint des perfectionnements qu'on peut, sans crainte, qualifier d'admirables.

Les aciers qui contiennent plus de 0,5 % de carbone deviennent fragiles.

Le manganèse à 1 ou 1,2 % les rend élastiques.

Le chrôme augmente la ténacité.

Le tungstène la dureté.

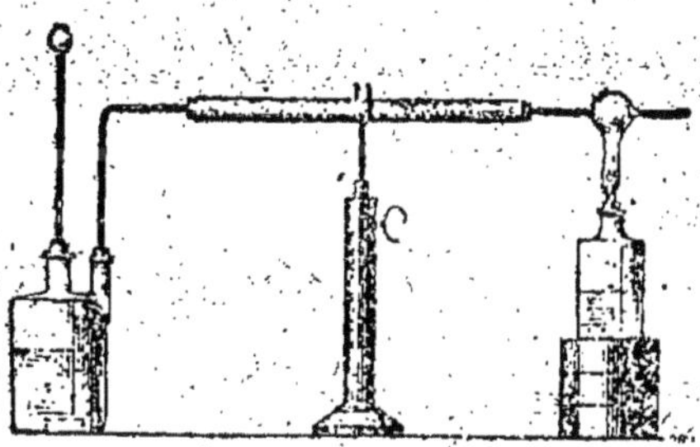

Fig. 52. — Appareil pour le fer pyrophorique de Magnus.

Pour avoir du fer pur, il faut réduire par l'hydrogène l'oxyde ferrique.

Le fer qu'on obtient ainsi devient incandescent à l'air. *Fer pyrophorique.*

MANGANÈSE

$$Mn = 55$$

Son minerai le plus connu est la *pyrolusite* qui est du bioxyde $Mn\ O^2$ qu'on réduit par le charbon pour avoir le métal.

CHROME

Gr = 52

On l'obtient par la réduction au four électrique de l'acide chromique qu'on tire du fer chromé. $D = 6,92$. N'est fusible qu'à très haute température.

———

Le fer et le chrôme forment des composés ferreux et ferriques, chrômeux et chrômiques.

On a ainsi le chlorure ferreux $Fe\ Cl^2$ et le chlorure ferrique $F^2\ Cl^6$.

Avec le cyanogène, le fer forme des cyanures doubles appelés : *prussiate jaune* ou *ferro-cyanure* de potassium $= Fe\ Cy^2 + 4\ K\ Cy + 3\ H^2\ O$.

Le ferricyanure ou *prussiate rouge* $= Fe\ Cy^3 + 3\ Kcy$, se forme comme le précédent par la calcination de matières organiques : corne, sang, cuir avec du carbonate de potasse et de la tournure de fer; mais pour ce dernier, il faut ajouter un courant de chlore.

Le bleu de Prusse se forme en ajoutant à une solution de sel ferreux du ferro-cyanure de potassium.

L'oxyde de fer magnétique est un mélange d'oxyde ferreux et ferrique $Fe^3 O^4$ ou $Fe O + Fe^2 O^3$.

On appelle *battitures* les écailles qui sautent du fer quand on le forge.

Le *colcothar* est l'oxyde ferrique; (*caput mortuum*). Le fer forme des sulfures avec le soufre.

Le manganèse a aussi des oxydes au *maximum* et au *minimum*.

L'acide manganique $Mn O^4 H^2$ forme avec les bases des manganates.

Le permanganate de potasse provient de l'acide permanganique qu'on n'a pas encore isolé.

Le chrôme a un oxyde chrômique $Cr^2 O^3$.

L'anhydride forme l'acide chrômique $Cr O^4 H^2$.

Celui-ci forme des bichromates alcalins.

Le fer et le manganèse donnent des sulfates, des phosphates aux deux degrés d'oxydation.

Les carbonates sont au minimum.

Le chrôme donne un sulfate chrômique.

ALUMINIUM

$Al = 27$

Très répandu dans la nature à l'état d'alumine, on le produit en grand par l'électrolyse de ses sels haloïdes et surtout du fluorure double de sodium et d'aluminium (*cryolithe*).

C'est un métal blanc $D = 2,56$, très sonore, peu attaquable par les acides sulfurique et azotique; l'acide chlorhydrique l'attaque violemment ainsi que la potasse et la soude.

Il donne un chlorure $Al\,Cl^3$, un fluorure $Al\,F^3$ ou $Al^2\,F^6$.

Son oxyde est l'alumine $Al^2\,O^3$. Elle est la matière constitutive du corindon, du rubis, du saphir. Elle a un hydrate $Al\,(OH)^3$.

Le sulfate d'aluminium forme avec les sels de potasse, de soude, d'ammoniaque correspondant les *aluns*.

Le silicate d'alumine est le *kaolin*, l'*argile*, le *mica* alliés à des bases alcalines.

On connaît l'usage de ces matières pour la poterie, la faïencerie, la porcelaine.

L'*outremer*, pierre bleue est un silicate double d'alumine et de soude combiné à un polysulfure de sodium.

Huitième Groupe

ÉTAIN

$$Sn = 116$$

Son minerai est le *cassitérite* qui est un bioxyde, on le réduit par le charbon dans des fours spéciaux.

C'est un métal blanc qui fond à 228°. $D = 7,3$, il est flexible et *crie* quand on le plie. Il est très peu altérable. Il se combine avec presque tous les métalloïdes.

On l'emploie pour les instruments de ménage, et pour *étamer* le fer, le cuivre, etc.

Il forme un bi et un tétrachlorure, ce dernier est connu sous le nom de *liqueur fumant de Libavius*.

Ses oxydes sont en eux et en ique et ont tous deux un hydrate stanneux et stannique.

Avec le soufre il forme des sulfures.

PLOMB

$$Pb = 207$$

La galène est le principal minerai de plomb, c'est un sulfure qu'on décompose par le fer par chauffage dans un four approprié.

Le plomb est blanc, brillant; mais très vite terni. D = 11,37. Il fond à 325°, il est mou, très malléable, peu ductile et sans ténacité. Les acides chlorhydrique et sulfurique ne l'attaquent pas; l'acide azotique l'attaque rapidement. Il forme de nombreux alliages.

Ses emplois sont nombreux : plomb de chasse, feuilles de plomb, etc...

Le chlorure de plomb est très peu soluble.

Les oxydes sont le *massicot* ou la *litharge*. Le *minium* est un mélange d'oxyde et de peroxyde appelé aussi *oxyde puce*.

Le sulfate et le carbonate de plomb sont insolubles, le chrômate d'une belle couleur jaune, sert à la peinture de même que le *blanc* (carbonate) *de plomb*. La *céruse* est de la litharge mélangée à une graisse qui dès lors se trouve saponifiée.

BISMUTH

Bi = 208

On le trouve à l'état libre, on l'épure par une fusion avec le nitre.

Métal blanc. $D = 9,85$, fond à 264°. Il augmente de volume en se solidifiant. L'acide azotique le dissout; dans un alliage il abaisse le point de fusion.

Ses sels les plus connus sont l'azotate et le chlorure.

Neuvième Groupe

OR

$$Au = 197$$

On trouve presque toujours l'or à l'état natif, en filons quartzeux dans les terrains primitifs, ou dans les sables des alluvions. La *sylvane* est un tellurure d'or. Le Mexique, le Pérou, la Sibérie, la Californie, l'Australie, le Transvaal, etc., sont les pays les plus riches en gisements aurifères.

On retire l'or par le lavage des sables aurifères. On peut le purifier en le dissolvant dans le mercure (amalgame) et distillant ensuite.

Les roches quartzeuses sont souvent traitées par le cyanure de potassium à 0,06 % qui dissout l'or.

$$2 \, Au + 4 \, Kcy + O \, H^2 O = 2 \, KCy, Au \, Cy + 2 \, KO \, H$$

Cette réaction est lente, on la pousse en oxydant par un persulfate. On électrolyse ensuite les bains; l'or se dépose sur la cathode en plomb dont on le sépare par fusion. On le purifie, s'il est besoin, en dissolvant à chaud les métaux étrangers dans l'acide azotique ou sulfurique.

L'or est un métal tendre. D = 19,3. C'est le plus ductile et le plus malléable de tous les métaux. Il fond à 1250°c, les acides et l'oxygène ne l'attaquent pas, sauf l'eau **régale** dont nous avons parlé.

Pour le rendre plus dur on lui ajoute du cuivre.

L'alliage des monnaies est de 900 d'or pour 100 de cuivre.

Les sels de l'or sont le chlorure d'or, le cyanure de potassium et d'or, très employé pour la dorure.

On reconnaît, on dose presque l'or par la *pierre de touche* sur laquelle il laisse une trace qu'on compare avec la trace laissée par un *touchau* de titre connu, on humecte avec de l'acide nitrique, on reconnaît ainsi à *quel touchau* correspond la trace.

Dixième Groupe

PLATINE

$$Pt = 199$$

On attaque le minerai par l'eau régale et on ajoute du chlorure d'ammonium, le platine formant des sels doubles insolubles se précipite. On chauffe au rouge le précipité et l'on a le métal en masse noire spongieuse appelée *mousse de platine*.

Il est gris-blanc. $D = 21,5$. On peut l'étirer en fils presqu'invisibles. Les acides ne l'attaquent pas, les bases non plus. Son inaltérabilité permet de l'employer comme creusets ou capsules en chimie. Il fond au-dessus de 1.800°.

Il forme des chlorures platineux et platiniques.

MOLYBDÈNE

Métal blanc, dur, difficilement fusible. Il forme avec son peroxyde des sels correspondants à l'acide *molybdique*. Le molybdate d'ammoniaque précipite l'acide phosphorique.

TUNGSTÈNE — WOLFRAM

Métal gris, très dur. Ses sels correspondent aux molybdates. Le tungstate de soude rend les étoffes ininflammables.

Il sert dans la métallurgie de l'acier qu'il durcit à un point tel qu'on peut en faire des outils pour travailler les métaux les plus durs.

URANIUM

Métal gris, très lourd, provient de la *pechblende*. Il est remarquablement radioactif par lui-même. C'est de son minerai qu'on tire le *radium*.

TABLE

DES

Familles chimiques

et de leurs propriétés caractéristiques

(Extrait de la Chimie de M. Lassaigne)

1re FAMILLE (*Chloroïdes.* — Chlore, brome, iode, fluor.) Combinaisons acides avec l'hydrogène et avec l'oxygène, par d'union directe avec l'oxygène : les hydracides de cette famille ont la même composition atomique.

IIe F. (*Sulfuroïdes.* — Soufre, sélénium, tellure.) Combinaisons acides avec l'hydrogène, moins puissantes que les précédentes. Acides avec l'oxygène. Union directe avec l'oxygène.

IIIe F. (*Carbonoïdes.* — Carbone, bore, silicium.) Combinaisons hydrogénées neutres. Acides oxygénés faits directement.

IV⁰ F. (*Azotoïdes*. — Azote, phosphore, arsenic.) Combinaisons hydrogénées alcalines ou faisant fonctions de base. Combinaisons oxygénées acides.

V⁰ F. (*Chromoïdes*. — Chrome, vanadium, tungstène, molybdène, colombium ou tantale, titane.) 1° Acides oxygénés saturant les bases et formant des sels stables et cristallisables; 2° pas de combinaisons avec l'hydrogène; 3° alcalinité faible dans les oxydes, analogues aux corps des familles suivantes par leurs propriétés physiques.

VI⁰ F. (*Stannoïdes*. — Etain, antimoine, osmium.) 1° Oxydation facile par la calcination à l'air; 2° combinaisons oxygénées sans propriétés acides ni alcalines bien puissantes; 3° réduction des oxydes par le charbon à une température rouge; 4° combinaisons stables avec le chlore.

VII⁰ F. (*Auroïdes*. — 1° Or, iridium.) Combinaisons oxygénées n'ayant d'acidité ni d'alcalinité à un degré marqué; 2° oxydes, chlorures décomposables par la chaleur seule; 3° non altérés par les acides seuls; 4° par des sels binaires avec les acides; 5° combinaisons directes avec le chlore; 6° chlorures doubles avec les chlorures alcalins.

VIII° F. (*Platinoïdes.* — Platine, rhodium.) Présentant les mêmes caractères que les auroïdes, à l'exception des sels que leurs oxydes forment avec quelques acides minéraux.

IX° F. (*Argyroïdes.* — Argent, mercure, palladium.) Métaux dissolubles par l'acide nitrique. — Sels stables bien déterminés. — Oxydation directe par la chaleur. — Oxydes réduits à une température peu élevée dans des tubes de verre.

X° F. (*Cuproïdes.* — Cuivre, plomb, cadmium, bismuth.) Métaux oxydés directement par le contact de l'air. — Oxydes irréductibles par la chaleur seule, mais réduits facilement par le charbon ou l'hydrogène. — Métaux ne dégageant pas l'hydrogène en présence de l'eau et de l'acide sulfurique. — Sels stables et cristallisables dont les métaux sont précipités par le zinc ou le fer.

XI° F. (*Ferroïdes.* — Fer, cobalt, nickel, zinc, manganèse, uranium, cérium, lantane.) Métaux oxydés directement. — Oxydes irréductibles par la chaleur seule, réduits par le charbon ou l'hydrogène, mais à une température plus élevée que ceux de la famille précédente. — Métaux décomposant l'eau à la chaleur rouge, dégageant de l'hydrogène par l'eau et l'acide sulfurique. — Sels stables et cristallisables dont les oxydes ne peuvent être réduits par d'autres métaux : premier genre, *métaux magnétiques*, fer, cobalt, nickel ; deuxième genre, *métaux non magnétiques*, zinc, manganèse, urane, cérium, lantane.

XII° F. (*Aluminoïdes*. — Aluminium, glucinium, zirconium, yttrium.) Oxydes insolubles, irréductibles par le charbon. — Chlorures réductibles par le potassium et la pile. — Métaux ne décomposant pas à l'eau à la température ordinaire, mais à + 100. — Sels à réaction acide, décomposables par la chaleur et par l'ammoniaque.

XIII° F. (*Barroïdes*. — Magnésium, calcium, strontium, baryum.) Oxydes ramenant instantanément au bleu le tournesol rougi par un acide et verdissant le sirop de violettes, non réduits par le charbon et décomposés par le chlore en dégageant de l'oxygène. — Sels neutres, stables et cristallisables. — Carbonates neutres insolubles. — Sulfates permanents à la chaleur rouge : premier ordre, magnésium ; deuxième ordre, calcium, baryum, strontium.

XIV° F. (*Potassoïdes*. — Lithium, sodium, potassium.) Métaux décomposant l'eau à la température ordinaire avec dégagement d'hydrogène. — Oxydes solubles neutralisant parfaitement les acides, et précipitant tous les oxydes précédents. — Oxydes dégageant de l'oxygène par le chlore et l'iode. — Sels solubles et généralement cristallisables.

PRINCIPES DE CHIMIE ORGANIQUE

Substances immédiates. — On appelle ainsi celles que l'on extrait des corps organisés par des opérations chimiques, et que l'on suppose existant naturellement dans ces corps. Tels sont le sucre, la gomme, la gélatine, l'albumine, etc.

Les principes des substances immédiates sont seulement au nombre de quatre, l'hydrogène, le carbone, l'oxygène et l'azote. Les trois premiers constituent les substances végétales, à part quelques-unes qui contiennent de l'azote, et quelques autres qui ne sont formées que de carbone et d'hydrogène, ou de carbone et d'oxygène. Les substances animales, au contraire, sont composées de ces quatre principes, à l'exception d'un petit nombre, telles que les graisses, le sucre de lait, etc., qui ne sont point azotées.

Propriétés générales des substances organiques. — Toutes les substances immédiates sont solides ou liquides à la température ordinaire.

Plusieurs, telles que l'acide acétique, l'alcool, l'éther, le camphre, les huiles essentielles, sont *volatiles*; d'autres, telles que l'acide stéarique, l'acide oléique, l'indigo, se vaporisent dans différents gaz; mais la plupart sont *fixes*.

Soumises à la distillation, les premières n'éprouvent aucune altération; les secondes se décomposent et se volatilisent en partie; les troisièmes se décomposent complètement et donnent des produits qui varient en raison de la substance distillée et de la température à laquelle elle est exposée, savoir : en général, lorsque l'on chauffe peu à peu jusqu'au rouge, de l'eau, du gaz acide carbonique, de l'acide acétique, du gaz oxyde de carbone, de l'huile plus ou moins colorée, plus ou moins épaisse, des carbures gazeux d'hydrogène, du charbon ; de plus, pour les substances azotées, de l'acide cyanhydrique, de l'ammoniaque qui s'unit aux acides, et même de l'azote.

Aucune substance organique ne résiste à une très haute température ; toutes alors se transforment principalement en gaz oxyde de carbone, en carbure gazeux d'hydrogène, en charbon et en azote.

Il y a un assez grand nombre de substances organiques qui, lorsqu'elles sont humides ou dissoutes, ont la propriété de se décomposer spontanément à la température ordinaire ; leurs principes se séparent, se combinent dans d'autres proportions et donnent naissance à des produits nouveaux. L'air favorise singulièrement cette sorte de décomposition.

L'action de l'air sur la plupart des substances organiques, à une haute température, donne lieu au phénomène si connu de la combustion. L'air n'agit que par son oxygène, et tend à convertir la substance en eau et en acide carbonique ; tel serait, en effet, le résultat de son action s'il était en assez grande quantité et si la température était assez élevée; mais c'est ce qui n'arrive jamais dans les meilleurs foyers. De là viennent la fumée et la suie. Quant à la cendre, elle est due à des sels minéraux fixes, tels que des carbonates et les phosphates de chaux, de soude, de potasse, etc., dont les principes existent accidentellement dans les matières organiques.

Les substances les plus combustibles sont les huiles, les résines, etc., ou l'hydrogène prédomine; et les moins combustibles sont les acides où l'oxygène est, au contraire, presque toujours prédominant. L'acide oxalique, par exemple, brûle sans lumière.

La *flamme* ordinaire est due au développement de chaleur et de lumière qui a lieu dans la combinaison de l'oxygène avec des gaz combustibles.

LOIS RELATIVES A LA COMPOSITION DE CES SUBSTANCES. — 1° Quand une substance immédiate ne contient pas d'azote, et que la quantité de son oxygène est à la quantité de gaz, hydrogène dans un rapport plus grand que l'eau ou que 1 à 2 en volume, elle est acide, quelle que soit la quantité de carbone qui entre dans sa composition;

2° Quand ce rapport est de 1 à 2 en volume ou de 1 à un nombre plus grand que 2, la substance peut encore être acide ; mais le plus souvent, elle est neutre ou indifférente ;

3° Quand la substance contient beaucoup de carbone, elle contient en même temps beaucoup d'hydrogène, et réciproquement ; alors elle est très inflammable et huileuse, ou résineuse, ou alcoolique, ou éthérée ;

4° Aucune substance immédiate ne contient assez d'oxygène pour transformer son hydrogène et son carbone en eau et en acide carbonique, et que cette transformation s'opère toutes les fois que les éléments sont dans ce rapport ;

5° Il existe des substances immédiates qui sont de véritables bases salifiables, et toutes les substances de ce genre connues jusqu'ici contiennent de l'azote : alcaloïdes.

6° Plusieurs substances immédiates ont un radical commun qui, en se combinant avec différentes proportions du même corps ou de corps divers, donnent naissance à une série de composés d'où résultent des groupes naturels.

En mettant chacune de ces substances

avec une autre qui ait beaucoup d'affinité pour l'un des corps constituants, elles se résolvent en ceux-ci, à moins que l'eau dont on fait usage pour déterminer la réaction ne vienne s'associer aux phénomènes et changer les résultats; quelquefois la chaleur seule suffit pour opérer cette séparation. Ainsi, l'acide acétique combiné à la baryte et chauffé avec précaution donne de l'acide carbonique qui reste uni à la base, plus de l'acétone.

8° D'après M. Dumas, un corps hydrogéné soumis à l'action déshydrogénante du chlore, du brome, de l'iode, de l'oxygène, etc., gagne par chaque atome d'hydrogène qu'il perd, 1 atome de chlore, de brome, d'iode, et un demi-atome d'oxygène.

La même règle s'applique à un corps hydrogéné qui contient de l'oxygène. Quand le corps hydrogéné renferme de l'eau, celle-ci perd son hydrogène sans que rien le remplace; mais à partir de ce point, l'hydrogène enlevé se trouve remplacé comme il vient d'être dit.

OPÉRATIONS CHIMIQUES

MANIPULATIONS CHIMIQUES. — On les opère ordinairement dans un *laboratoire* approprié à cette destination, et qui doit être, autant que possible, vaste, bien aéré et éclairé, sec, etc. Cependant, il n'y a pas de chambre, munie d'une cheminée, qui ne puisse servir de laboratoire pour une foule d'opérations utiles ou amusantes.

Le verre est la substance la plus souvent employée pour les vases destinés aux opérations chimiques. On le façonne sous la forme de fioles, de flacons, de cornues, de matras, de ballons, de cloches, de tubes droits ou recourbés, de capsules, de mortiers, de baguettes pleines, d'entonnoirs, d'éprouvettes, de pipettes, etc. La porcelaine est employée sous forme de tubes, de capsules, de mortiers, de cornues, de creusets.

Les creusets de Hesse sont les meilleurs pour opérer la fusion des substances métal-

liques. Les têts pour calciner sont faits de
la même argile que les creusets.

On emploie aussi des creusets et des capsules d'argent et de platine pour certaines
réactions.

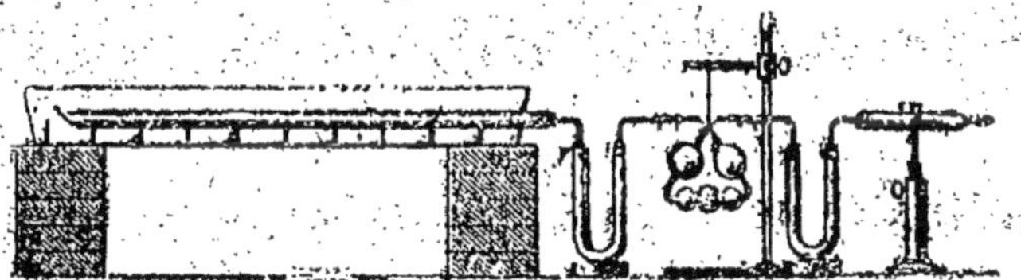

Fig. 53. — Appareil de MM. Dumas et Stas
pour l'analyse organique.

La manière dont on recueille les gaz frap-
pe toujours les personnes qui la voient employer pour la première fois. La figure A en
donne une idée. *a* est une fiole dans laquelle
on a placé de la tournure de fer, de l'eau et
de l'acide sulfurique. L'eau étant décompo-
sée, son oxygène se porte sur le fer et son
hydrogène se dégage, tandis que l'acide sulfurique forme avec l'oxyde de fer un sulfate de protoxyde de fer. Une chaleur modé-
rée favorise la réaction. Le gaz est conduit
par le tube *bcd* dans l'éprouvette renversée
e, que l'on avait d'abord remplie d'eau et
appuyée par son extrémité inférieure dans

la cuve *pneumatique ff* remplie d'eau elle-
même. A mesure que ce gaz se dégage, il
monte, en vertu de sa pesanteur spécifique,
à la partie supérieure de l'éprouvette *e*, en
chassant l'eau dont il prend la place.

Fig. 54. — A.

Beaucoup de gaz étant solubles dans l'eau,
on est obligé de remplacer souvent ce liquide par du mercure, dans la cuve et dans l'é-
prouvette. Tels sont : le chlore, le gaz ammoniac, etc.

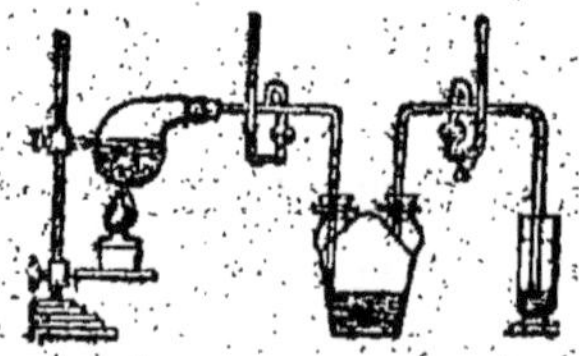

Fig. 55. — B.

La figure B fait voir plusieurs dispositions très usitées dans les manipulations chimiques. Une cornue *a*, dans laquelle on a introduit les matières propres à dégager un certain gaz, par leur réaction mutuelle, est chauffée à sa partie inférieure par une lampe à alcool *c*; le gaz se dégage, et est amené par un tube au fond d'un flacon à *tubulures*, où il se dissout dans l'eau. Pour obtenir autant d'eau que possible saturée de gaz, on peut faire traverser à celui-ci plusieurs flacons tubulés semblables au premier. Les tubes de sûreté *d, d*, imaginés par Weller, sont une très ingénieuse invention. Lorsque le dégagement du gaz vient à cesser, la tension, dans l'intérieur de la cornue, devenant moindre que la pression atmosphérique, l'eau des flacons *b* remonterait par le tube courbé jusque dans la cornue; mais grâce au tube de sûreté, dans les deux branches duquel de l'eau s'élève jusqu'à la hauteur du petit renflement, l'air pourra entrer par l'extrémité ouverte de ce tube et s'introduire dans la cornue, en chassant la petite colonne d'eau jusque dans le renflement du tube *d*, mais pas plus loin. On n'a donc pas à craindre que le liquide du flacon *b* vienne à remonter dans la cornue *a*.

Les tubes des appareils ci-dessus sont réunis aux fioles, cornues et flacons par des bouchons de liège percés, qu'ils traversent à frottement dur. Ces bouchons sont percés d'abord avec une petite tige de fer rougi, puis ensuite régulièrement rodés à l'aide d'une lime ronde, appelée *queue de rat.* Pour éviter les fuites de gaz, on garnit les jointures avec un *lut,* qui est ordinairement composé de farine de lin et de colle d'amidon.

Le lut d'argile et de sable est employé pour les jointures qui doivent être soumises à une forte chaleur.

La *lampe d'émailleur* sert à façonner le verre sous mille formes différentes. Un manipulateur doit savoir la manier lui-même, pour souffler les boules aux tubes de verre, recourber ces tubes, y adapter des soudures, etc.

ANALYSE CHIMIQUE. — Si un corps est composé de plusieurs éléments, on peut se proposer, soit de reconnaître la présence de ces éléments au moyen de *réactifs,* soit de les isoler et de les recueillir pour apprécier exactement les proportions dans lesquelles ils concourent à la formation du corps soumis à l'analyse.

Les réactifs s'emploient et les analyses se font, soit par la voie sèche, soit par la voie humide. Dans l'un et l'autre cas, on a reconnu qu'il ne fallait opérer que sur de très petites quantités de matières (quelques grammes au plus).

Fig. 56. — Mortier et pilon, entonnoir, creuset.

On emploie pour les essais par voie sèche des *fondants* que l'on soumet avec une parcelle du corps donné à la chaleur intense de la flamme d'une bougie, activée par le souffle du *chalumeau* dont se servent les orfèvres. Le support est ordinairement un morceau de charbon ordinaire; on opère aussi dans de petites coupelles d'argile, dans de minces cuillers de platine, etc. L'extrémité de la flamme du chalumeau est oxydante, son milieu est désoxydant. Le *borax* ou bo-

rate de soude et le phosphate double de soude et d'ammoniaque sont les fondants les
plus usités. La couleur du verre auquel ils
donnent lieu varie suivant que l'on a employé le feu d'oxydation ou le feu de réduction, et est un indice précieux pour reconnaître la nature des substances métalliques
soumises à l'essai.

Fig. 57. — Verre de laboratoire et boules de Liebig.

Les principaux réactifs liquides sont :
Des acides, tels que l'acide chlorhydrique,
azotique et sulfurique, qui décomposent les
carbonates, en donnant lieu au dégagement
de l'acide carbonique avec effervescence;
Des sels solubles de baryte, tels que l'acétate, le chlorhydrate et le nitrate qui font
reconnaître la plus petite quantité d'acide
sulfurique libre ou combiné par la précipitation du sulfate de baryte (*blanc*);
Des sels solubles d'argent, tels que l'acé-

tate et le nitrate qui décèlent la présence de l'acide chlorhydrique libre ou combiné, en déterminant un précipité blanc de chlorure d'argent;

L'oxalate d'ammoniaque, qui donne lieu à un précipité blanc d'oxalate de chaux, lorsque cet alcali existe dans une liqueur, même en très petite quantité;

Les sels solubles de plomb, tels que l'acétate et le nitrate, par la précipitation d'un sulfure noir, d'un chlorure, d'un sulfate, d'un borate blancs, d'un phosphate décèlent la présence d'un des acides sulfhydrique, chlorhydrique, sulfurique, borique, phosphorique;

Les dissolutions de bases alcalines, telles que l'ammoniaque, la potasse et la soude, qui précipitent les oxydes métalliques non solubles dans les alcalis;

La teinture de noix de galle, qui fait reconnaître la présence du fer, en formant avec lui une couleur noire : l'encre ordinaire n'est autre chose qu'un mélange de tannate et de gallate de fer.

Les lames de cuivre, de fer, d'étain, de zinc, précipitent de leurs dissolutions les métaux plus électro-négatifs qu'eux.

L'analyse des matières organiques se fait en brûlant le composé dans un tube sur une grille à charbon ou à gaz, les gaz passent dans des boules de Liebig et dans des tubes en U remplis de réactifs appropriés ou de matières déshydratantes. Le tube où a lieu l'attaque contient, suivant les cas, soit du bioxyde de cuivre, soit de la chaux sodée ou de la potasse caustique.

Les gaz sont mesurés dans des tubes gradués sur l'eau ou le mercure.

Les précipités sont séparés soit par *décantation*, soit par *filtration*.

FONCTIONS CHIMIQUES

On peut diviser les espèces chimiques en groupes ou *fonctions* dont les principales sont :

1º Carbures d'hydrogène, Hydrocarbures

Composés de carbone et d'hydrogène.

On a vu que le carbone était tétravalent; il s'en suit que CH^4 est un composé saturé tandis que CH^2 est divalent. Il en résulte que les composés saturés s'expriment par $Cn\ H^2n + 2$: *méthane, éthane, propane, butane.*

Les carbures monovalents : $Cn\ H^2n + 1$ sont le *méthyle, l'éthyle, propyle, butyle.*

Les divalents : $Cn\ H^2n - 6$: *méthylène, éthylène, propylène.*

2° Alcools

Les corps précédents soudés à une ou plusieurs molécules d'eau forment cette série : alcool méthylique CH^3 (OH), éthylique $C^2H^5\ OH$, propylique $C^3H^7\ OH$, ils sont monovalents.

Les alcools divalents sont $C^2H^4\ (OH)^2$, $C^3H^6\ (OH)^2$ alcools éthylénique, propylénique.

La *glycérine* $(C^3H^5)\ (OH)^3$ est un alcool tétravalent.

3° Ethers

Les éthers résultent de la soudure de deux radicaux alcooliques avec un atome d'oxygène, l'éther éthylique devient donc $C^2H^5\ O$ C^2H^5.

4° Aldéhydes

Un aldéhyde est un alcool déshydrogéné (*al alcool et déhyde, déshydrogéné*) par oxydation :

Alcool $C^2 H^5 OH + O = C^2 H^4 O + H^2 O$.
Aldéhyde éthylique.

5° Acides

Sont le produit d'une oxydation plus avancée des alcools :

Alcool $C^2 H^5 OH + O^2 = H^2 O + C^2 H^3 O OH$.
Acide acétique.

Ces acides forment des sels : *acétate, formiate*, etc.

6° Amines ou alcalis organiques

Ils dérivent de l'ammoniaque dans laquelle 1, 2 ou 3 atomes d'hydrogène sont remplacés par des carbures d'hydrogène.

$$Az \begin{cases} H \\ H \\ H \end{cases} \qquad Az \begin{cases} C^2 H^5 \\ H \\ H \end{cases} \qquad Az \begin{cases} C^2 H^5 \\ C^2 H^5 \\ H \end{cases}$$

Ammoniaque   Ethylamine   Diéthylamine

7º Amides

Ils résultent de la substitution d'un radical acide à l'hydrogène de l'ammoniaque. Il y a les monamides, diamides, triamides.

$$Az \left\{ \begin{array}{l} C^2\,H^3\,O \\ H \\ H \end{array} \right. \qquad\qquad Az \left\{ \begin{array}{l} C^2\,H^3\,O \\ C^2\,H^3\,O \\ H \end{array} \right.$$

Monacétamide   Diacétamide

LES CARBURES D'HYDROGÈNE

Premier groupe

Hydrocarbures

$$C^n\,H^{2n+2}$$

Ce sont l'éthane, propane, butane, etc., que nous venons d'indiquer ou hydrure de méthyle, d'éthyle, etc... ils sont saturés. On les appelle *paraffines* (*parum affines*) parce qu'ils ont peu d'affinités.

Ils sont contenus dans le pétrole, les asphaltes, bitumes, schistes, etc...

Ils ont des dérivés *haloïdes* tels que le chloroforme $C\ H\ Cl^3$. Trichlorure de carbone.

Avec le tétroxyde d'azote $Az\ O^3$ ils donnent des dérivés nitrés : *nitrométhane.*

Deuxième groupe

$$C^n\ H^{2n-2}$$

Ethyle, propyle, méthyle, etc.
Ils ont des dérivés *haloïdes.*

Troisième groupe

Oléfines

Méthylène, éthylène, etc.
Leurs dérivés *haloïdes* sont huileux, telle la *liqueur des 4 Hollandais* $C^2\ H^4\ Cl^2$.

ACÉTYLÈNE

Se trouve en tête d'une série : acétylène, allylène, crotonylène, valérylène, hexoylène,

L'*acétylène* $C^2 H^2$ se prépare au moyen du carbure de calcium :

$$Ca\, C^2 + H^2\, O = C^2\, H^2 + Ca\, O$$

On le trouve dans le gaz d'éclairage.
Il forme le groupe : $C^n H^{2n-2}$.

Groupe : $C^n H^{2n-6}$

Benzine ou Benzol — Toluène ou Toluol

On tire la benzine et la toluène du goudron de houille. La benzine bout à 80°.

Le groupe se combine aux *haloïdes* et ils forment des *nitro-dérivés* tels que la nitro-benzine, binitro-benzine, nitrotoluène, etc... La première est *l'essence de mirbane.*

Styrolène, naphtalène, anthracène

Ce sont des hydrocarbures pyrogénés comme les précédents.

La formule de la benzine est $C^6 H^6$, du styrolène $C^8 H^8$, ils sont isomères de l'acétylène.

Térébenthène

$$C^{10} H^{16}$$

Les huiles volatiles de plusieurs plantes,

leurs résines contiennent cet hydrocarbure. Il bout à 150°. C'est un liquide incolore, d'une odeur camphrée. La résine des pins et sapins en contient de notables quantités alliée à la *résine* ou *colophane*.

Son chlorhydrate $C^{10} H^{16} HCL$ est le *camphre artificiel*.

Goudron

Matière noire, grasse, d'odeur désagréable, le goudron donne à la distillation du *brai*, des essences lourdes et des huiles légères ainsi que de la paraffine.

Parmi les essences on retire, comme nous venons de le dire, la *benzine*, par distillation nouvelle et rectification. On retire aussi, du goudron, la *naphtaline* qu'on purifie par sublimation.

Gommes résines

Le *succin* ou *ambre jaune* est une résine fossile. Le *styrax*, le *benjoin* sont fournis par un aliboufier. La *myrrhe*, l'*aloès*, le *galbanum* sont des *baumes* qui proviennent surtout des ombellifères.

Le *camphre* est originaire de l'Asie surtout et vient du *Laurus camphora*.

Caoutchouc

Cette matière si précieuse est un composé de carbone et d'hydrogène $C^4 H^7$.

C'est un suc qu'on fait couler par incision.

On connaît ses propriétés élastiques. Il devient dur et cassant à 0°. Il fond à 200° et brûle avec une flamme fuligineuse. Il est soluble dans l'essence de térébenthine, la benzine, le pétrole, l'éther, le chloroforme et surtout le sulfure de carbone.

Une addition de soufre (*vulcanisation*) le rend dur et cassant. Cette propriété est largement utilisée pour la fabrication d'un nombre infini d'objets.

Gutta-Percha

Est une des formes du caoutchouc avec quelques propriétés différentes, celle entre autre de se ramollir à chaud, elle provient de l'*isonandra-percha*.

LES ALCOOLS

Les alcools sont des dérivés d'hydrocarbures avec un ou plusieurs oxydryles d'addition : OH.

Ils comportent : les alcools proprement dit, les phénols et les alcools à fonctions mixtes.

ALCOOLS MONOATOMIQUES

Alcool méthylique

Ou esprit de bois : CH^3OH. Il provient de la distillation sèche du bois, teneur environ 1 %.

C'est un liquide incolore, mobile, d'odeur spiritueuse. $D = 0,814$ à 0°, bout à 66° et brûle avec une flamme peu éclairante. Miscible à l'eau.

Alcool éthylique

Ou alcool ordinaire C^2H^5OH. Il est le produit de la fermentation dite *alcoolique* qui se produit sous l'action de la *levure de bière* (*saccharomyces cerevisiæ*). La fermentation a pour effet de dédoubler le sucre de raisin en alcool et acide carbonique :

$$C^6 H^{12} O^6 = 2 C^2 H^5 OH + 2 CO^2$$

Le rendement en alcool devrait être de 53,3 %, il n'est que de 51,1.

La différence est prise par la nourriture du ferment et par la formation de glycérine et d'acide succinique.

La fabrication de l'alcool au moyen des grains, pommes de terre, etc., nécessite la transformation préalable de l'amidon en dextrine. Par la germination *maltage*, il se forme un ferment la *diastase* qui change l'amidon en *maltose* fermentescible.

L'alcool est un liquide incolore, très mobile, d'odeur spiritueuse, il brûle avec une flamme pâle. D = 0,809 à 0°; bout à 78°4. A 100°c, il devient visqueux; on ne l'a pas solidifié. Il se mélange à l'eau en toutes proportions. Il dissout le brome, l'iode, les résines et les essences, et divers corps gras tels que l'huile de ricin.

DENSITÉS DE MÉLANGES D'EAU ET D'ALCOOL

Alcool % en vol. à 15°, ou degrés alcoom.	Densités	Alcool % en vol. à 15°, ou degrés alcoom.	Densités	Alcool % en vol. à 15°, ou degrés alcoom.	Densités	Alcool % en vol. à 15°, ou degrés alcoom.	Densités
0	1,0000	26	0,9700	52	0,9309	78	0,8699
1	0,9985	27	0,9690	53	0,9289	79	0,8672
2	0,9970	28	0,9679	54	0,9269	80	0,8645
3	0,9956	29	0,9668	55	0,9248	81	0,8617
4	0,9942	30	0,9657	56	0,9227	82	0,8589
5	0,9929	31	0,9645	57	0,9206	83	0,8560
6	0,9916	32	0,9633	58	0,9185	84	0,8531
7	0,9903	33	0,9621	59	0,9163	85	0,8502
8	0,9891	34	0,9608	60	0,9141	86	0,8472
9	0,9878	35	0,9594	61	0,9119	87	0,8442
10	0,9867	36	0,9581	62	0,9096	88	0,8411
11	0,9855	37	0,9567	63	0,9073	89	0,8379
12	0,9844	38	0,9553	64	0,9050	90	0,8346
13	0,9833	39	0,9538	65	0,9027	91	0,8312
14	0,9822	40	0,9523	66	0,9004	92	0,8278
15	0,9812	41	0,9507	67	0,8980	93	0,8242
16	0,9802	42	0,9491	68	0,8956	94	0,8206
17	0,9792	43	0,9474	69	0,8932	95	0,8168
18	0,9782	44	0,9457	70	0,8907	96	0,8128
19	0,9773	45	0,9440	71	0,8882	97	0,8086
20	0,9763	46	0,9422	72	0,8857	98	0,8042
21	0,9753	47	0,9404	73	0,8831	99	0,7996
22	0,9742	48	0,9386	74	0,8805	100	0,7947
23	0,9732	49	0,9367	75	0,8779		
24	0,9721	50	0,9348	76	0,8753		
25	0,9711	51	0,9329	77	0,8726		

L'*alcoomètre* de Gay-Lussac permet de déterminer la quantité d'alcool pur contenu dans un liquide alcoolique.

Les alcools dits *supérieurs* qui accompagnent l'alcool vinique sont les alcools propylique, butylique et surtout amylique; on les sépare par *rectification*.

ALCOOLS POLYATOMIQUES

Glycérine

La glycérine $C^3 H^5 (OH)^3$ est un alcool triatomique. Elle provient de la *saponification* d'un corps gras tel que l'huile d'olive par exemple; il suffit, pour la préparer, de former un savon en ajoutant de la litharge à cette huile. Le composé qui surnage le précipité est la glycérine.

Elle constitue un liquide sirupeux. $D = 1,26$. Très soluble, de saveur sucrée. Elle dissout bien la soude, la potasse et bon nombre de sels.

On l'emploie pour maintenir l'humidité, parce qu'elle est très hygroscopique.

LES PHÉNOLS

Phénol ordinaire

Acide phénique ou carbolique, provient du goudron traité par une lessive alcaline.

C'est un composé d'odeur pénétrante, solide, mais liquide sous la moindre quantité d'eau. Il est très caustique; employé comme désinfectant.

Combiné à l'acide nitrique il forme le *tri-nitro-phénol* ou *acide picrique*, composé jaune, solide, très amer dont on tire de puissants explosifs. Il est d'ailleurs la base de la *mélinite*.

La *résorcine*, l'*hydroquinone*, le *tournesol* sont des phénols diatomiques.

L'acide *pyrogallique* est un phénol *triatomique*.

ALCOOLS A FONCTIONS MIXTES

Hydrates de carbone

Les hydrates de carbone sont des composés dans lesquels 6 ou 12 atomes de carbone sont unis à l'hydrogène et l'oxygène par un nombre d'atomes qui est un multiple de l'eau H_2O. Ce sont des *alcools hexatomiques*.

Glucose — Sucre de raisin

$$C^6 H^{12} O^6$$

On le trouve dans beaucoup de plantes et

de fruits, dans le miel, dans le *diabète*. On peut l'obtenir en attaquant ou *saccharifiant* l'amidon en solution par un peu d'acide sulfurique.

Le sucre de canne ou de betterave traité dans ces conditions est dit *sucre interverti* et devient un mélange de glucose et de *lévulose* isomère de cette dernière.

Saccharose

$$C^{12} H^{22} O^{11}$$

Sucre de canne ou de betterave. On le retire de ces deux plantes par des procédés presqu'identiques, sauf la méthode d'extraction.

Les détails de la fabrication du sucre sont trop importants pour être résumés et pour entrer par conséquent dans le cadre de ce livre élémentaire.

Le sucre cristallise en prismes clinorhombiques et se dissout dans le 1/3 de son poids d'eau, qui à chaud, en dissout 6 fois son poids. D $=$ 1.606. Il fond à 160° en une masse amorphe et transparente qu'on appelle *sucre de pomme ou d'orge*. A une température plus élevée, il se transforme en *caramel, as-*

samare. Brûlé, il fournit un dégagement abondant de *formol* ou *aldéhyde formique*, c'est pour cela qu'on brûle du sucre pour désinfecter.

Sa consommation fournit à l'organisme un puissant *énergétique*. En effet, il intervient comme *respiratoire* par le charbon qu'il apporte et que comburent les fonctions physiologiques.

On comprend ces phénomènes par le simple aspect de sa composition.

$$\begin{array}{lcr} \text{Charbon} & = & 41 \text{ k. } 10 \\ \text{Eau} & = & 59 \text{ k. } 90 \\ \hline & & 100 \text{ k. } 00 \end{array}$$

Avec les bases, il joue le rôle d'acide et forme des *sucrates ou saccharates*.

La Lactose

Sucre de lait. On l'extrait du petit lait. Il cristallise en prismes rhomboïdaux. Faiblement sucré. D = 1.534, très soluble.

POLYSACCHARIDES

Amidon

$$C^6 H^{10} O^5$$

Contenu dans beaucoup de plantes : pommes de terre, blé, riz, etc... On broye la pomme de terre, par exemple, on lessive, on essore et on sèche.

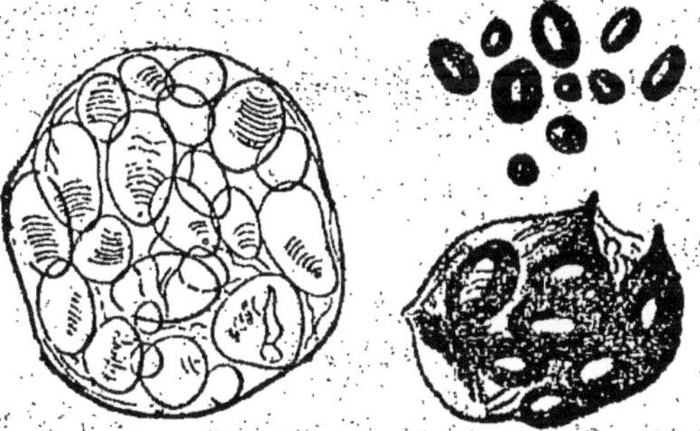

Fig. 58. — Fécule.

Poudre blanche, insoluble. $D = 1,53$. Chauffé, il gonfle et forme *empois*. L'iode le colore en bleu. Les acides le saccharifient comme nous l'avons dit.

Dextrine

$$C^6 H^{10} O^5$$

Se forme en chauffant l'amidon à 175° ou par l'action de la *diastase*. Les acides la transforment en glucose.

Gommes

$$C^6 H^{10} O^5$$

Matières amorphes qui coulent de certains arbres. Les unes se dissolvent, d'autres gonflent seulement dans l'eau. Elles forment les *mucilages*.

Cellulose

$$C^6 H^{10} O^5$$

C'est la partie principale du tissu des végétaux. Le coton, la moelle de sureau, etc., sont de la cellulose presque pure. Elle se dissout dans l'oxyde de cuivre ammoniacal, *réactif de Schweitzer*, attaquée par la soude elle devient soluble sous l'action du sulfure de carbone et forme la *viscose* ou *thiocarbonate de cellulose* dont on fait de la soie artificielle; attaquée par un mélange d'acide nitrique et sulfurique à froid, elle produit le *coton-poudre ou pyroxyline.* Elle est la base des poudres sans fumée. Le coton poudre dissout dans l'éther donne le *collodion.*

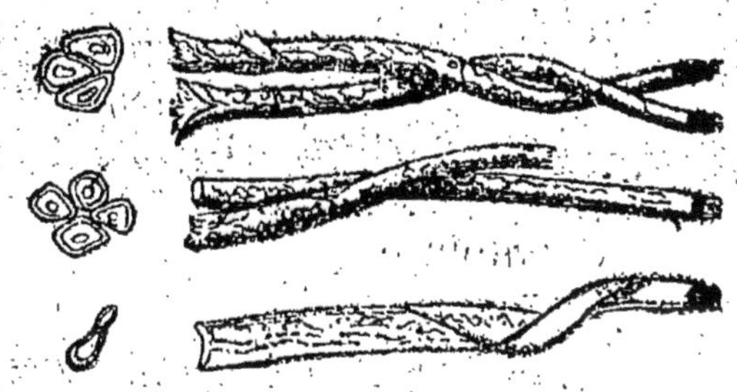

Fig. 59. — Cellulose.

LES ÉTHERS

Ethers simples

Les éthers sont obtenus en chauffant un alcool avec l'acide sulfurique.

Ether éthylique

$$(C^2 H^5)^2 O$$

Liquide mobile, odeur caractéristique, très

volatil, s'enflamme facilement. D = 0,736, bout à 35°. Soluble dans 10 parties d'eau. Il dissout le soufre, le phosphore, les corps gras, les résines; est anesthésique.

Le *mercaptan* est le *sulféthyle*. (*S remplaçant O*).

ÉTHERS COMPOSÉS

Formiate d'étyle

$$CHO, O\ C^2\ \overline{H}^5$$

On distille un mélange de formiate de soude, d'alcool et d'acide sulfurique.

C'est avec cet éther qu'on produit le *rhum artificiel*.

Acétate d'amyle

$$C^4\ H^3\ O, O\ C^5\ H^{11}$$

Cet éther sert à parfumer les sucreries, bonbons anglais, il a l'odeur des poires.

Le *butyrate d'éthyle* a l'odeur de l'ananas.

Tous ces éthers peuvent être considérés comme dérivés d'un acide dans lequel les atomes d'hydrogène sont remplacés par des radicaux alcooliques.

Nitroglycérine

$$C^6 H^5 O (Az O^4)^3$$

Produit de la réaction de la glycérine sur un mélange d'acides sulfurique et nitrique.

Liquide huileux, incolore. $D = 1.6$, délétère, toxique, insoluble dans l'eau, soluble dans l'éther et l'alcool méthylique. Explosif violent, mélangée au sable, à la sciure, etc., elle constitue la *dynamite*.

Palmitine

Existe dans l'huile de palme et dans les corps gras.

Stéarine

Extraite du suif par l'éther. Solide, impure, fond à 66° et pure à 70°.

Oléine

Existe dans les corps gras, liquide; s'oxyde vite et rancit.

Margarine. — Est identique à la palmitine.

Corps gras

Constituent l'huile, le beurre, les graisses,

ils sont les mélanges des composés ci-dessus.

On les extrait des végétaux : huile d'amande, d'arachide, de colza, de lin, d'œillette, de pavot.

Les animaux fournissent le suif, le saindoux, le beurre, l'huile de poissons.

Ils s'émulsionnent dans l'eau. Certaines huiles deviennent *siccatives* par oxydation.

Combinés aux alcalis, ils donnent les savons.

Aldéhydes

Chaque alcool a son aldéhyde correspondant.

Aldéhyde Éthylique

$$C^2 H^4 O$$

Son composé le plus important est l'aldéhyde trichloré = $CH\, Cl^3\, O$ qui est le *chloral*.

Cétones

Ces composés diffèrent des précédents en ce qu'ils ne précipitent pas les sels d'argent.

Acétone

$$C_3 H_6 O$$

Se produit dans la distillation sèche du sucre, du bois. Liquide éthéré bouillant à 56°3.

Carbonyles

Le plus important est le CAMPHRE dont nous avons déjà parlé, en le plaçant parmi les résines ou baumes végétaux.

Le MENTHOL a beaucoup d'analogies avec lui, il fond à 36°.

Furfurol

Est une impureté des alcools. Il provient de la distillation du son avec l'acide sulfurique. Odeur de cannelle et d'amande.

Quinones

Sont les aldéhydes des phénols.

LES ACIDES

Acide acétique

Connu dès la plus haute antiquité. C'est le vinaigre. On le produit en oxydant d'alcool par division sur des copeaux, à l'air. Cette oxydation se développe sous l'action d'un ferment le *mycoderma aceti*.

L'acide acétique est liquide, incolore, d'odeur piquante. $D = 1,06$. Bout à 118° et cristallise en refroidissant. *Acide glacial*. Sous cet état, il brûle la peau. Donne des *acétates*.

L'*acide pyroligneux* accompagne la distillation du bois; il n'est guère employé qu'à l'état impur, il a alors une odeur nauséabonde.

Acide formique

$$C H O, O H$$

Ainsi appelé parce que les fourmis en contiennent.

On le prépare en chauffant un mélange de glycérine et d'acide oxalique.

Liquide incolore, bout à 104°, odeur piquante, saveur brûlante, caustique.

Avec les bases alcalines et les métaux, il donne des *formiates*.

Acide stéarique

$$C^{18} H^{36} O^{2}$$

On l'obtient en décomposant par un acide le savon qu'il a formé.

Corps solide, blanc, cristallisant en lamelles, fond à 70°, insoluble dans l'eau, soluble à chaud dans l'alcool.

Il sert à la fabrication des bougies *stéariques*.

Acide benzoïque

C'est un acide aromatique, on l'extrait du baume du Pérou ou de celui de Tolu. On l'extrait aussi du benjoin par sublimation. L'urine des herbivores en contient à l'état de benzoate de chaux.

Acide cinnamique

Les baumes du Pérou, le styrax en contiennent, il fond à 133°.

Acide oxalique

$C^2 H^2 O^4$

Les plantes contiennent cet acide à l'état d'oxalate alcalin. *Oxalis acetosa*. On le prépare industriellement en traitant la sciure de bois par la soude caustique.

Il est solide. Cristallise avec 2 molécules d'eau, il se sublime à 160°. Chauffé au-dessus, il produit de l'acide formique et carbonique.

Il constitue, en réalité, l'*acide carboneux* et de même l'acide formique serait un *hydrate d'oxyde de carbone*. Avec les bases et les métaux, il forme des *oxalates* et des *bioxalates*.

Acide succinique

$C^4 H^6 O^4$

On le tire du succin ou ambre jaune. C'est un des produits de la fermentation alcoolique.

ACIDES A FONCTIONS COMPLEXES

Acide lactique

$C^3 H^6 O^3$

La fermentation dite lactique qui se produit lorsqu'on fait fermenter des matières sucrées en présence de matières albuminoïdes donne de l'acide *lactique*. On le trouve tout formé dans le suc gastrique, le lait aigri, le jus de choucroute, etc... Cette fermentation est spéciale, c'est la seule fermentation qui s'opère en présence des alcalis et c'est la seule qui dégage de l'hydrogène.

Cet acide forme des sels dits : *lactates*.

Acide malique

$$C^4 H^6 O^5$$

On le trouve dans le suc des plantes et des fruits, dans la pomme d'où son nom.

Acides tartriques

$$C^4 H^6 O^6$$

Il y a deux isomères, l'acide *droit* et l'acide *gauche* parce qu'ils cristallisent en cristaux symétriques et que le 1ᵉʳ dévie à droite le plan de polarisation, le 2ᵉ à gauche. On trouve le droit (ils ont tous deux les mêmes propriétés) dans le tartre qui se dépose dans les tonneaux où l'on conserve le vin. On décompose ce tartre ou tartrate acide de potasse par l'acide sulfurique qui met l'acide tartrique en liberté.

Il cristallise en gros cristaux clinorhombiques. Soluble, fond à 135°. Saveur acide.

Les sels sont des tartrates ou bitartrates.
Le bitartrate de potasse et d'antimoine **est**
l'émétique.

Acide citrique

$$C^6 H^8 O^7$$

Les citrons, les groseilles, etc., en contiennent et le fournissent. Il cristallise, fond à
100°. Soluble dans l'eau.

Le *citrate de magnésie* est la base des li-
monades purgatives.

Acide salicylique

$$C^7 H^6 O^3$$

On le trouve à l'état libre dans la *reine
des prés* et dans le *gaulthéria procumbens.*

Il cristallise en fines aiguilles, fond à 150°,
très peu soluble à froid, davantage à chaud,
soluble dans l'alcool et l'éther. On l'emploie
pour conserver les aliments.

Tannin — Acide gallique

$$C^{14} H^{10} O^9$$

La noix de Galle, l'écorce de chêne, le sumac en sont riches. On l'extrait par déplacement au moyen de l'éther.

Amorphe, blanc, soluble : eau, alcool, éther. Saveur âcre. Colore en noir les sels de fer, précipite la gélatine. Employé pour le *tannage*, *l'encre*, etc.

AMINES

Les amines qu'on utilise ont pour type *l'aniline*, liquide huileux, d'odeur désagréable qui se résinifie à l'air. Ce composé fournit un grand nombre de produits de substitution qui sont très employés dans la fabrication des matières colorantes. Rouge, vert, bleu d'aniline, rosaniline, etc...

Arsines

Ces composés forment le *cacodyle*, singulier corps qui a les caractères d'un métalloïde. Son odeur est repoussante.

ALCALOIDES

Bases organiques

Ce sont des bases azotées qui se combiment aux acides pour former des sels.

Les alcaloïdes sont très nombreux dans la nature; les uns sont liquides et volatils, les autres solides. Leur saveur est amère en général.

Purs, solubles dans l'eau, ils se dissolvent dans l'alcool et l'éther.

L'acide tannique ou tannin, le chlorure d'or, de platine, l'iodure double de potassium et de mercure, l'acide phospho-molybdique, etc., les précipitent, l'acide picrique aussi.

On les extrait soit sous forme de sels alcalins, soit sous forme de sel plombique, soit aussi par distillation.

Alcaloïdes volatils

Tels sont les *alcaloïdes pyridiques*, la conicine, la nicotine, etc. qu'on trouve dans les plantes.

Conicine

$$C^8 H^{15} Az$$

Liquide huileux, d'odeur stupéfiante; on le trouve dans la grande *cigüe*.

Nicotine

$$C^{10} H^{14} Az^2$$

Provient des feuilles et semences du ta-

bac. Huile incolore, odeur grisante et stupéfiante. Poison violent.

Alcaloïdes fixes

Opium. Suc laiteux des pavots, odeur vi-
reuse, s'enflamme aisément. Narcotique.

Ses alcaloïdes sont : la morphine, la co-
déine, la thébaïne, la papavérine, la narco-
tine. Tous ces alcaloïdes ont, à peu de chose
près, les mêmes caractères chimiques; leurs
propriétés physiologiques diffèrent par leur
intensité, tous sont des narcotiques et poisons stupéfiants.

Quinine

$$(C^{20} H^{24} Az^2 O^2) SO^4 H^2, 7 H^2 O$$

Ce sel est le sulfate de quinine, forme sous
laquelle on emploie ce bienfaisant alcaloïde
du quinquina. C'est le fébrifuge par excellence.

Strychnine — Brucine

Toutes les deux existent dans la noix vo-
mique et dans la fève de St-Ignace.

La première cristallise en longs prismes.
Elle est très amère, peu soluble dans l'al-

cool, insoluble dans l'eau. C'est un des plus redoutables poisons.

Atropine

Vient du *datura stramonium*. Soluble, cristallise. Poison violent. Elle dilate la pupille.

L'aconitine, la colchicine, la cocaïne, la solanine, l'hyoscyamine ainsi que la caféine et la théine, sont toutes des poisons plus ou moins violents.

LES AMIDES

La série des amides est nombreuse. Les principaux sont :

Acide hippurique

On le trouve dans l'urine des herbivores en notable quantité. On l'extrait par la chaux à l'état insoluble qu'on dégage ensuite, il fournit l'acide benzoïque.

URÉE

Carbamide

$$C\,H^4\,Az^2\,O$$

On la trouve dans l'urine des mammifè-
res, elle représente le point ultime de l'assi-
milation physiologique des matières albuminoïdes. On peut l'obtenir par synthèse.

Sous l'action du *micrococcus uræe* elle se
transforme rapidement dans l'urine en carbonate d'ammoniaque.

Acide urique

$$C^5\,H^4\,Az^4\,O^3$$

Amide de l'Urée. Il est dans les urines à
l'état de sel ainsi que dans le sang.

Composé pulvérulent, blanc, inodore, insipide, peu soluble.

MATIÈRES ALBUMINOÏDES

Toutes ces matières dites aussi *protéiques* ont une composition analogue :

Carbone = 50 à 55
Hydrogène = 6 à 7
Azote = 16 à 14
Oxygène = 23 à 22

Soufre et phosphore.

Elles sont amorphes, en masses cornées ou molles qui gonflent dans l'eau, elles sont *colloïdales*.

La chaleur les décompose vers 150°. Les acides et les alcalis les détruisent.

Elles sont rendues solubles par un ferment, la *pepsine* qui les *peptonise*.

Les principaux albuminoïdes sont : l'albumine, la fibrine, la caséine, le gluten, les principes cornés, la gélatine, etc.

Albumine

Son type est le blanc d'œuf. Le sang, la lymphe, etc., en contiennent de grandes quantités. (Sérum.)

C'est un corps solide, d'aspect corné. $D = 1,26$.

La chaleur coagule l'albumine à 72°.

L'albumine *végétale* que les liquides végétaux tiennent en solution à des caractères identiques.

La FIBRINE existe dans le sang, la CASÉINE dans le lait, les végétaux en contiennent aussi.

Le GLUTEN est appelé aussi fibrine végétale, on le trouve dans les grains de blé, c'est à lui que la pâte de pain doit sa ténacité.

La corne, les cheveux, les ongles, les plumes, la soie, la laine, etc., sont des matières protéiques.

La GÉLATINE provient du traitement par l'eau chaude des matières précédentes ainsi que des déchets de peaux, de cuir, etc... C'est aussi la partie organique des os. Elle se dissout dans l'eau chaude et forme une gelée par refroidissement.

Elle est employée pour faire les colles fortes, les apprêts, etc...

L'HÉMOGLOBINE et ses dérivés sont les principes colorants du sang et de la bile. La matière colorante *l'hématine* contient 9 % de fer.

ANALYSE DES GAZ

QUELQUES RÉACTIONS DES GAZ APPLICABLES À LEUR SÉPARATION

Oxygène. — Absorbé par les pyrogallates alcalins, le phosphore et le chlorure cuivreux.

Chlore. — Soluble dans l'eau. Absorbé par le mercure.

Azote. — Insoluble dans les dissolvants. S'unit au rouge, au titane, au magnésium, etc.

Acides chlorhydrique, bromhydrique, iodhydrique. — Absorbés par l'eau, la potasse, ou le borax pulvérulent.

Hydrogène sulfuré. — Soluble dans l'eau, la potasse. Absorbé par le sulfate de cuivre ou l'acétate de plomb humide. Attaqué par le brome et par l'acide sulfurique concentré.

Acide sulfureux. — Très soluble dans l'eau. Absorbé par la potasse ou le bioxyde de plomb sec.

Ammoniaque. — Très soluble dans l'eau. La solution bouillante perd tout son gaz.

Méthylamine, éthylamine. — Comme l'ammoniaque.

Méthylamine, éthylamine. — Comme l'ammoniaque. cool 23 vol. Se combine à chaud avec le potassium.

Protoxyde d'azote. — Détone avec son volume d'hydrogène et fournit son vol. d'azote; soluble dans l'alcool.

Bioxyde d'azote. — Soluble dans le brome et très peu soluble dans l'acide sulfurique. Absorbé par la solution de sulfate ferreux.

Hydrogène phosphoré. — Absorbé lentement par les solutions de sulfate de cuivre. Attaqué par le brome et l'acide sulfurique fumant.

Acide carbonique. — Soluble dans l'eau. Absorbé par la potasse ou par la chaux sodée.

Sulfure de carbone. — Absorbé par la potasse imbibée d'alcool.

Acide cyanhydrique. — Absorbé par l'oxyde de mercure.

Chlorure de cyanogène. — L'eau en dissout 25 volumes, l'alcool davantage. Absorbé par la potasse.

Chlorure de méthyle. — Soluble dans 1/4 de son volume d'eau. Très soluble dans l'alcool.

Ether méthylique. — L'eau en absorbe 32 vol. à 10°, très soluble dans l'alcool. Soluble dans l'acide sulfurique.

Hydrogène silicé. — 1 volume donne avec potasse 4 volumes d'hydrogène.

Fluorure de silicium. — Absorbé par l'eau avec dépôt de silice gélatineuse.

Chlorure de bore. — Absorbé par l'eau et la potasse.

Fluorure de bore. — Absorbé par l'eau et la potasse. Carbonise le papier; colore les flammes en vert.

TABLE DES MATIÈRES

Grande Imprimerie de Troyes, 126, rue Thiers

EXTRAIT DU CATALOGUE

LÉGISLATION

Les Codes Complets

650 à 652 Code civil.................................... 3 v.
653 Code de procédure civile.......................... 1 v.
654 Code de commerce................................. 1 v.
655 Code d'instruction criminelle...................... 1 v.
656 Code pénal....................................... 1 v.
657 Code forestier. — Table analytique................ 1 v.
658 Table (fin).— Lois constitutionnelles et organiques 1 v.

LE VOLUME : 0 fr. 20 ; FRANCO-POSTE : 0 fr. 30

*Les 9 volumes reliés en un seul, toile rouge, 2 fr. 50 net;
franco poste ou gare, 3 fr. 20*

Lois Usuelles

Complémentaires des Codes. — Groupées dans l'ordre
alphabétique.

659 **A** Actes de l'État civil; Allumettes; Alcool; etc. 1 v.
660   Armées : Code de Justice militaire............ 1 v.
661   — Loi sur le recrutement............... 1 v.
662   — Engagements; Assistance; etc........ 1 v.
663   Attentats; Avoués; Banque; Bois; etc........ 1 v.
664 **B** Bourses de Commerce; etc.; Caisses d'Épargne 1 v.
665 **C** Caisses de retaites; Cautionnement; Ch. de fer 1 v.
666   Chèques; Chevaux; Chiens; Code rural; etc. 1 v.
667   Communes; Comptabilité publique........ 1 v.
668   Conflits; Cons. d'État; C. généraux, d'arrond. 1 v.
669   Conservatoire; Contrefaçons; Contributions 1 v.
670   Contumace; Déchéance................... 1 v.
671 **D** Distance; Douanes....................... 1 v.
672 **E** Eaux; Écoles; Enfants abandonnés....... 1 v.
673   Enseignements divers.................... 1 v.
674   Espionnage; Établissements industriels; etc. 1 v.

Suite des LOIS USUELLES : EN PRÉPARATION

LE VOLUME : 0 fr. 20 ; FRANCO-POSTE : 0 fr. 25

*Les tomes 1 à 8 reliés en un seul, toile rouge, 2 fr. 50 net;
franco poste ou gare, 3 fr. 20*

Mêmes conditions pour les tomes 9 à 16.

*Les 3 volumes reliés (Codes et Lois) sont adressés franco en un
postal gare, contre la somme de 8 fr.*

EXTRAIT DU CATALOGUE

ROMANS D'AVENTURES

EXTRAIT DU CATALOGUE

MANUELS UTILES

Chez tous les libraires : 0 fr. 20 — Franco-poste : 0 fr. 25

EXTRAIT DU CATALOGUE

LÉGISLATION

Les Codes Complets

LE VOLUME : 0 fr. 20 ; FRANCO-POSTE : 0 fr. 30

*Les 9 volumes reliés en un seul, toile rouge, 2 fr. 50 net;
franco poste ou gare, 3 fr. 20.*

Lois Usuelles

Complémentaires des Codes. — Groupées dans l'ordre
alphabétique.

Suite des LOIS USUELLES : EN PRÉPARATION

LE VOLUME : 0 fr. 20 ; FRANCO-POSTE : 0 fr. 25

*Les tomes 1 à 8 reliés en un seul, toile rouge, 2 fr. 50 net;
franco poste ou gare, 3 fr. 20*

Mêmes conditions pour les tomes 9 à 16.

*Les 2 volumes reliés (Codes et Lois) sont adressés franco en un
postal gare, contre la somme de 3 fr.*

www.ingramcontent.com/pod-product-compliance
Ingram Content Group UK Ltd.
Pitfield, Milton Keynes, MK11 3LW, UK
UKHW022342090726
13658UKWH00001B/416